U0041212

巴黎‧
莫名其妙

美國大廚的城市觀察筆記————————————————————

The Sweet Life
In
Paris

大衛‧勒保維茲　　著
David Lebovitz

目錄
contents

致謝
Thanks

記得當時，我瘋狂將所有私人物品塞進兩三卡行李箱時的最後念頭就是：「我可能會寫本書，關於巴黎的生活。」而當我安頓好新生活開始著手寫巴黎時，竟是將網站當作部落格來記錄我的工作（包括學習適應那些積習已久又不合理的規則和習俗）、許多我所遇到的奇人異事，最重要的是這一路上發現的超多可口美食。

我的許多法國友人和讀者喜愛我文章中夾帶幽默且具正向思考的觀察，即便是一篇批判的文章亦如是。不管多數的觀光客怎麼想，巴黎可不是博物館；就像其他任何一座大都市，都有各自的缺點。不過不要緊，我對這座城市及其居民的情感能彌補我所遭遇到的任何衝擊和負面印象。

嗯，我是指大部分的情況是這樣啦！

感謝在巴黎那段日子裡幫我解決問題並有特殊貢獻的人：吉登・班那明（Gideon Ben-Ami）、保羅・班奈特（Paul Bennett）、拉尼・班華（Lani Bevaqua）、安・布拉克（Ann Block）、藍道爾・布雷斯基（Randal Breski）、克里夫・柯文（Cliff Colvin）、露薏・弗門（Lewis Fomon）、茱莉・蓋茲拉弗（Julie Getzlaff）、里克・吉特林（Rik Gitlin）、瑪菈・古德保（Mara Goldberg）、朵芮・葛林斯潘（Dorie Greenspan）、珍妮・赫門（Jeanette Hermann）、凱特・希爾（Kate Hill）、黛安・賈各伯（Dianne Jacob）、大衛・林賽（David Lindsay）、蘇珊・赫門・魯密斯（Susan Herrmann Loomis）、南西・梅爾（Nancy Meyers）、裴拉家族（La famille Pellas）、約翰・魯林（John Reuling）、摩兒・羅森布魯（Mort Rosenblum）、羅虹・西佛（Lauren Seaver）、海瑟・史提勒侯（Heather Stimmler-Hall）、大衛・坦尼斯（David Tanis），克勞德和潔西・索納夫妻（Claude and Jackie Thonat）。

更感謝本來是網友後來變成真實世界的好夥伴,他們的好族繁不及備載,但我尤其要擁抱秀娜‧詹姆斯‧亞恆(Shauna James Ahern)、麥特‧亞曼達里茲(Matt Armendariz)、艾麗斯‧寶兒(Elise Bauer)、山姆‧布瑞奇(Sam Breach)、路蕙莎‧朱(Louisa Chu)、蜜雪兒‧德勒瓦(Michele Delevoie)、克蘿蒂得‧莒蘇理(Clotilde Dusoulier)、布瑞特‧艾默森(Brett Emerson)、及川惠子(Keiko Oikawa)、碧翠絲‧佩爾特(Beatrice Peltre)、黛比‧佩爾曼(Deb Perelman)、亞當‧羅伯特(Adam Roberts)、岱瑞克‧史奈德(Derrick Schneider)、艾美‧雪曼(Amy Sherman)、尼基‧史提(Nicky Stich)和奧利佛‧賽德爾(Oliver Seidel)、蘇珊‧湯瑪斯(Susan Thomas)、海蒂‧史旺森(Heidi Swanson)、潘‧泰夏摩維薇(Pim Techamaunvivit),芭絲卡樂‧威克斯(Pascale Weeks)及綠莎‧魏絲(Luisa Weiss)。

辛蒂‧梅爾(Cindy Meyers)是我在美國最棒的試吃者,還有在加州希爾茲堡(Healdsburg)吉鎮餐館(Jimtown Store)的凱莉‧布朗(Carrie Brown)、傑拉德‧科肯(Gerard Cocaign)、梅格‧卡特(Meg Cutts)、蘿莎‧傑克森(Rosa Jackson),瑪莉詠‧勒維(Marion Levy)和泰芮絲‧培拉(Therese Pellas)與我分享他們的食譜。他們做得太棒了!

特別是羅曼‧培拉(Romain Pellas),雖然他老是聽不懂我的法文,卻還是知道我想要什麼,我永遠感謝他。

再來,我要感謝幾位巴黎店家和工匠不厭其煩地分享他們的手藝和知識;食品雜貨店(G. Detou)的尚克勞德‧湯瑪斯(Jean-Claude Thomas)、來自法國西部傳統鹽鎮(Guerande)的黑吉‧狄昂(Regis Dion)、巧克力商尚查理‧侯胡(Jean-Charles

Rochoux），和知名派翠克・羅傑巧克力店（Patrick Roger）的可琳娜・羅傑（Corinne Roger）。感謝那些在巴黎漁業市場（Paris Pêche）的硬漢耐著性子教我如何切魚片，為此我要向那些買回家才發現碎肉的顧客說聲抱歉，請原諒我沒將魚肉切齊，辜負各位的期待呀。

接著是經紀人佛瑞・希爾（Fred Hill）和他的合夥人邦妮・納岱爾（Bonnie Nadell），感謝他們的大力支持和過人勇氣。謝謝編輯助理安・夏儂（Anne Chagnot）確保每件事都在對的位置，及鼓勵我「做自己吧！」的編輯珍妮佛・喬瑟夫（Jennifer Josephy），可憐她是身在困頓不知處啊！還有，謝謝查理・康瑞（Charlie Conrad）指導本書平安付梓。

最後要感謝我的讀者，當我在巴黎展開新生活時，有你們一路相挺和令人莞爾的留言。感謝所有期待我寫下關於巴黎大小事的人，本書在此奉上！

引言

我清楚記得自己變成巴黎人的那一刻,不是我認真思考是否該買印有高飛狗圖樣印花襪的那一刻,也不是我拿一百三十五歐元到銀行匯款,銀行出納員告訴我當天沒有一歐元的零錢可找,而我竟然視為正常的那一刻。

肯定也不是我撞見那位五十多歲、在我常去診所當櫃檯的女士正以法式作風在塞納河畔行上空日光浴,而我的眼睛竟然沒有移開的時候(雖然我很想移開)。

更不是在巧克力店裡,一位年輕男子的毛衣被我的肩包勾到脫線而慘叫,我卻完全可以不理會,離開前還跟自己說:「這不是我的問題」的時候。畢竟,任何心智正常的人,誰會穿著毛衣光顧巧克力店呢?

我想有可能是當我專注聽著兩位巴黎友人向我解釋為何法國人在烹煮四季豆前堅持剪掉豆莢尖端的時候。其中一人說是因為那個地方會吸收所有輻射能,另一個則相信是因為要防止豆莢端塞進牙縫。儘管我不記得曾有豆渣卡在牙縫,也不認同環境中的輻射會有這能耐溜進蔬菜,但我仍對兩位的精闢見解點頭如搗蒜。

不,真正變成巴黎人的那一刻其實是在我抵達巴黎數個月後,一個慵懶的星期天;我穿著一條褪色的運動褲、寬鬆破爛的運動衫在自家公寓消磨時光,這身行頭可是我不做任何事的最佳代言。直到傍晚,我才終於提起勁,搭電梯下樓到公寓中庭倒垃圾。

從我家前門到電梯口只有三步距離,而電梯口到垃圾房也只有五步,所以整個過程只有四步驟——走出門、搭電梯下樓、丟垃圾、回來。

全程也許只花四十五秒。

所以我決定離開沙發，刮鬍子，換上真正的褲子和整潔平整的襯衫，再穿上襪子、鞋子，提著垃圾袋然後出門。

老天保佑別讓我穿著星期天最佳代言服撞見任何人啊！

你看！這就是我發現自己真正變成巴黎人的時候。

§

假如你打算住在巴黎，有個潛規則你一定要知道——即使你只是來觀光也同樣受用——那就是你的穿著和舉止隨時受到注目。是的，就算你只是丟垃圾，也不會希望任何人，例如鄰居（或者更糟，一身綠色整潔制服的清潔工）認為你很邋遢，對吧？

美國人口中只有百分之二十的人擁有護照，所以我們不常出國，與外國人的對應都是在自家地盤，按著自己的方式進行；相對地，因為不常面臨這樣的情境，我們便也不擅於適應陌生環境。我就聽過好多抱怨（有些也說出我的心聲），他們總希望一切就像在自家一樣：「為什麼吃不完的東西不能打包？」「餐廳怎能不提供冰塊？」「為什麼我不能拿店家架上的商品？」「三十分鐘前我們就要求買單，為何服務生還抽著煙，跟那些瑞典女孩打情罵俏？」

我疑惑為何我們在外地旅行還期望別人要像美國人一樣，況且我們還踩在人家的地盤上耶！想想你老家有幾個服務生、計程車司機、旅館門房、商家或其他人對只講法文的法國人有反應的？假如你不懂法文而到巴黎旅行，還可能遇到許多會講標準英語的人幫忙，而且幾乎所有到美國的歐洲人都把「入境隨俗」奉為上策。嗯，是幾

乎喔！就別再要求那位得不到十八趴小費的服務生了。

各地的風俗民情都有某些不成文規定。在美國，某個不知名的理由讓速食餐廳不供應酒類，還有在大眾運輸工具上猛挖鼻孔會遭來白眼。在巴黎，除非 T 恤胸前印著金色字體「現在，來做愛吧！」，否則你就不該穿破舊的牛仔褲和 T 恤。所謂入境隨俗，特別是你想長居久安時，看來我要學的還多著呢！

§

從八〇年代初次到訪巴黎開始，我就像其他人一樣總是嚮往住在巴黎。當時到法國朝聖可是每位剛畢業大學生的固定儀式，比起現在，青少年認為上網遊歷世界要比一張火車通行證省事多了。何必煩惱會迷失在歷史古都的迷宮中，與當地人共餐，和全然的陌生人一起下榻青年旅館，和一整隊的義大利足球員在公共淋浴間洗澡等瑣事呢？沒錯，我想在家透過電腦螢幕瀏覽歐洲舒服很多，但是當時的我就是有一大把時間做那些事（保留點想像空間讓你猜吧）。

我的確也做了！畢業後，遊歷歐洲大陸將近一年，主要是拉張椅凳坐下來，透過吃瞭解歐洲文化，除此沒什麼特別的事蹟。那段日子，我幾乎走遍歐洲各國，品嘗當地佳餚，像是軟滑的法國生起司搭配含豐富穀物的德國麵包；比利時的牛奶巧克力，聞一下彷若來到鄉間農場，真的有牛；伊斯坦堡露天市場裡，鋪在多瘤粗糙樹枝上、香酥脆的烤魚。當然還有巴黎當地許多我從沒吃過的奶油酥皮點心和外皮薄脆、呈金黃色的奶油布里歐（brioche，法國經典麵包）。

縱橫歐洲數月後，我需要好好梳洗一番，那一頭蓬亂的捲髮也得修

剪（不然人家真要叫我骯髒的白人），身上的銀兩和精力也終於告罄，我得打道回府了。在那段無拘無束的日子，我不曾好好思考未來以及回去後的打算。幹嘛那麼掃興呢？但當我走出井底遊歷世界之後，再度回到自己的國家，下一步該怎麼走？我想過什麼生活竟叫我茫然！

在當時，剛出現一種新穎的烹煮概念：「加州烹調法」（california cuisine），既然我已帶著胃遍嘗歐洲，那麼跟食物有關的工作似乎是有趣的選擇。我在歐洲嘗過的每樣食物都與大學時代嘗過的大相逕庭，那時我在素食餐廳工作，負責舀濃稠的奶油花生湯，把長髮烘焙師製作的點心盛裝在碟盤上再上菜。那位烘焙師老要在他做的點心裡加入獨特的個人風格，事實上我依舊能在那摻著蘋果仁和腰果的水果餅裡，聞到小茴香的氣味，是一種難聞的味道。

仔細一想，可能都是他的緣故。

所幸，歐洲烹調方式正在北加州掙得立足之地，烹煮從市場買來的新鮮食材成就美食（cooking du marché）受到矚目與認同：購買當地生產、最新鮮的食物早在歐洲成為每日例行公事。對我而言，這是常識也是最正確的吃法。所以我裝整行李，從柏克萊（Berkeley）橫越海灣搬到舊金山，一場令人振奮的烹調革命正在此蓄勢、醞釀。只希望帶著小茴香味道的甜點不在其中。

在舊金山灣區的露天市集採買時，我發現農夫種植著氣味強烈的紅橙、一球球有著奇怪汁液的深紫色菊苣讓人誤以為是結球甘藍。蘿拉‧吉奈兒（Laura Chenel，美國第一位羊奶起司製造商）正在索羅馬（Sonoma，美國加州縣名）生產歐式圓型、新鮮濕軟的山羊起司，美國人搞不清楚還錯認是豆腐（尤其在柏克萊）。還有位於納

帕山谷（Napa Valley）的葡萄酒莊也正釀出豐盛的葡萄酒，像是金芬黛（Zinfandel）和黑皮諾（Pinot Noir）就很適合搭配新近著名的地方菜餚；料理加入大量的香蒜、幾株新鮮迷迭香和百里香，再滴上一些當地壓榨的橄欖油，比起我從小吃到大、乏味的沙拉油，這可是一大突破。

與其說興奮倒不如說是在震驚的情緒下，我發現與歐洲相類似的廚房經驗。在愛麗絲・梅鐸（Alice Medrich）開的「可可拉巧克力店」（Cocolat）吃到滿手沾上細緻粉末的巧克力糖，味道足以媲美法國那些時髦巧克力店裡令人心醉的巧克力；在每日報到的史提夫・蘇利文（Steve Sullivan）的「極致麵包店」（Acme Bread）排隊等待一塊早上才從炙熱磚灶中出爐的酵母麵包；還有位在柏克萊，「帕尼斯餐廳」（Chez Panisse）對面的「起司盤企業」（Cheese Board Collective）裡堆疊著好多味道強烈的起司，就像我在歐洲一吃就上癮的味道，實在教人瘋狂。

既然真的想在餐廳工作，一開始就該找最頂尖的，也就是進入帕尼斯餐廳（Chez Panisse），而愛麗絲・華特斯（Alice Waters）正在那裡領導這場廚房革命。於是我寫信到餐廳，等了幾個星期依舊是沒消沒息。儘管他們沒表示任何的感謝或歡迎，我打算毛遂自薦，出現在如今著名的紅杉拱門下，為我的廚師生涯奮力拚搏。我走了進去，一位身穿白色襯衫、打著領結、繫著長圍裙、手執酒杯托盤，像極巴黎男孩（garçon，法文有侍者之意）的服務生則在匆忙間告訴我廚房就在餐廳後方。

廚房好比戰場，所有人正火力全開，有些人忙著把麵團擀成厚度超薄、幾近透明的薄片；其他人則費力將胡蘿蔔切得比嬰兒小指頭還小，手中的削皮器正朝著流理台快速甩動，噴出一條條亮橘色、如

同英文裡的花體字，以縝密的動作，把每一根去皮蘿蔔丟進不鏽鋼容器，噗通、噗通發出微小的聲音。

有個廚子忙著將軟胖的山羊起司層層堆疊在陳舊的陶瓦罐裡，撕開一束束的百里香，再把它們疊在所有蒜瓣及迷迭香之間。在後面，我注意到有些女人正專注盯著爐灶，每隔一陣就往裡面查看。當時我完全不知道她們正小心翼翼地關注琳西·薛兒（Lindsey Shere）出名的杏仁塔——確定烘烤的時間不多不少，而且烤到上面那層焦糖剛剛好的溫度時就要取出來。

我走到一位主廚的旁邊，她正指揮著這群混沌大軍。被這場景震懾住的我用極怯懦的聲音向她詢問是否有可能，不管任何方式幫我在帕尼斯餐廳——全美最棒的餐廳，謀得一職。

她闔上眼睛並放下手中的刀，轉過身看著我。當著所有廚房員工的面走過來指責我，說她不認識我而我憑什麼不事先通知便登堂入室、要求一份工作？接著她再度拿起刀開始工作，好暗示我識相點該離開了。

這就是我在悠閒的加州，第一份工作的面試結果。

於是，我只好在舊金山另找一家餐廳工作，卻發現這是一份非常可怕又超出負荷量的工作。這個主廚簡直是瘋子，而且早該將他的廚袍換成背後有釦子的緊身襯墊外套。一個星期天輪到我職早午班，因為他將我那天早上仔細擀麵、切塊、烘烤而成的司康餅砸爛而陷入馬不停蹄的工作直到最後一刻（永遠如此）；為了奮力趕出接二連三湧入的訂單，我一直處在激動不安中，以至於疏忽鍋裡正在沸騰的油而釀成一場猛烈大火。

仔細想想，那些茴香味的水果餅似乎沒那麼糟了。

（不過那個地方也是有美好的回憶，當我想起一個教我幾句越南話的夥伴告訴我越南文裡，「sweet potatos」（地瓜）的真正意思是「口交」（blow job）時，我還是會竊笑。現在，當我非常需要一些「地瓜」而喚一名廚房員工上樓時，我會猜其他在廚房裡備料的員工正在想什麼。）

每天下班後我總是拖著身子回家，因為龐大的挫敗而虛脫、幾近崩潰。隔天早上醒來，恐懼險些讓我無法從床上起身，所以當我得知帕尼斯餐廳的主廚將離開另起爐灶時，我計畫逃亡——凱旋回歸真正所屬之地，起碼我是這麼認為。先通過新任主廚的面試再獲得愛麗絲·華特斯本人的最終審核認可後，很快我就能驕傲地在帕尼斯餐廳工作。

（我必須說，原來那位輕視我的廚師後來變成一位了不起的人，她願意提攜後輩，令我由衷欣賞且敬佩。雖然她不是法國人，卻讓我第一次領教到法式的火爆性子，這對我的未來很有幫助。）

我在帕尼斯餐廳工作近十三年，大部分的時間都待在糕餅部，成為少數能製作琳西那著名、難搞的杏仁塔之達人。我不是盲目崇拜者，但我絕對承認愛麗絲·華特斯擁有一股巨大的力量，旗下超過百人的工作團隊隨時拴緊發條、全力以赴。有人曾說過：「在聽見愛麗絲腳步聲靠近你前，你不懂何謂懼。」

這是真的，我隨即體認到那些向我走來的碎步愈快，我將遇見的麻煩就愈大。每回我自以為是地回嘴，但愛麗絲幾乎才是對的，每一次的指責對初出的廚師如我都是寶貴的一課。在蔚為風行以至於

現在連飛機上也大力推銷「本地生產」的食材前，愛麗絲早就致力將使用當令食材入菜的觀念慢慢灌輸給我們。她正是我們的啟蒙老師。

琳西‧薛兒是餐廳合夥人，也是糕點部的行政主廚，她同時是一位引人不斷發想、創新的啟蒙者。從她身上，我學到做一道看似簡單的點心往往比創造複雜而多層次的甜點還難。簡單說，就是所用的食材——水果、堅果和巧克力——絕對是最好的，尋找頂級食材也是我們必作的功課。

琳西那推陳出新、令人意想不到的品味總是讓我驚豔——像是酒漬杏桃，新鮮柔軟的杏桃和蘇特恩白葡萄甜酒（Sauternes）味道很搭；或是一球新鮮攪拌、玫瑰口味的冰淇淋，香味馥郁來自她當天清晨從露濕花園摘採的花瓣。金棕色的義式脆餅鑲著烤過、會喀滋作響的杏仁，每一口都帶著豐富的大茴香香氣；還有我的最愛，用歐式苦甜巧克力製作、幾乎不甜的楔形黑巧克力蛋糕，每回我一定嗑掉一大塊，絕對不剩。

對我而言，這裡每天都有新的啟發，這一行向來的行規是除非客滿，否則別讓客人離開；可是當我知道：「在這家餐廳裡，客人不會永遠是對的」，我知道我來對地方了。

剛進來時，我先從樓上咖啡廳開始工作，學到如何小心地將剛採收的萵苣葉於盤子上搭疊成一座小山。之後，我轉到糕點部傾心於歐洲草莓，小巧的野莓是我們特地種植，每一顆都蘊含著可以想見的濃郁香氣；加一球堅果鮮奶油再撒上少許糖粉就使野莓的香氣成為焦點。我們所做的食物一定要觸動人心，而非讓人囫圇吞下就是好。隨著我傾心投注的每一碟如畫般完美的水果或莓果，我瞭解自

己也變成奇特事物的一部分。

我快樂地浸淫在學習中，周遭是一群最專注的廚師，隨著光陰荏苒，我卻因為壓力和工作的嚴格標準而有背痛和頭痛的毛病。廚師的流動率一向很高，但這不會發生在帕尼斯餐廳。當只有這裡能獲得最好的食材，而且能和一群對烹飪投注相同熱情的人一塊工作時，下一步你還想去哪？做什麼？

十年之後，我離開了。我問自己：「該做什麼？」我真的不知道，不過愛麗絲倒建議我寫甜點食譜，於是我從架上抽出喜歡的食譜，尋找最吸引我的地方。我寫了許多食譜也改寫其他人的，我想分享簡單、易做的料理方式，大多不需要一堆昂貴的器具。

我也希望能改變大家對甜點的認知，強調新鮮水果和黑巧克力原味的甜點更勝花俏又複雜的口味；當人們告訴我，他們把我的食譜變成永遠的知識寶庫，而我又能將琳西和愛麗絲所傳授的知識同時傳承下去時，我真的很開心。

又過了幾年穿著寬鬆衣褲和親人一起在家工作（特別是在廚房）的時光後，我的人生出現大轉折；一瞬間我失去向來健康又充滿活力的另一半，那是生命中無法想像的經驗，身旁的一切都停擺，除了驚恐也只能行屍走肉地活著。我身心交瘁，如同瓊・蒂蒂安（Joan Didion）在《奇想之年》（*The Year of Magical Thinking*）所描寫的處境：「哀慟是在沒有到達前，一處誰也不知道的地方。」

在無數個麻木的日子之後，我體悟到必須回歸生活。在明白生命會突然翻轉的當下，我再度尋找自己的立足點並準備繼續往前。

這是一次扭轉生命畫板（etch a sketch，一種電子素描繪畫軟體）的機會，動一下，生命再度開始。我擁有很多：在全美最棒的餐廳工作、寫過幾本暢銷的食譜、一棟位在舊金山配有專業廚房的美麗房子，還有好多摯友，他們就是我的世界，然而這一切再也不能給我養分。走過傷痛，我的情感被掏空，正亟待再度出發。

我決定搬到巴黎。

朋友的反應是：「大衛，你不能逃走啊。」但我不認為我在逃避，我只是朝往新目標。為何會有人要逃離像舊金山這樣美麗的城市，一座我度過大半人生，住著我所有朋友的城市？好吧，因為還有巴黎！

幾年前，當我到法國享譽盛名的廚藝學校（École Lenôtre）進修高階烘焙課程時，我就愛上了巴黎。一晚，我跟好友共進愉快的晚餐後，獨自散步到一座橫跨塞納河的橋上。假如曾走進夜晚的巴黎，你一定注意到黑暗中的巴黎更美；四處燈光閃爍，螢光框出古老建築與遺址的壯麗。我還記得那晚，呼吸著從塞納河升起的氤氳，望著於河面上航行的船艇，船上載著兀自肅然起敬的乘客，船在行進中照亮遺址，其燈光戲劇般地在不同的建築物之間梭巡。

這就是這座城市的生活，有著最吸引我、啟發我前進的動力。巴黎是法國首都，卻仍保有小鎮的所有特質和魅力。居民有獨特的個性，不論是肉販、麵包師、露天攤位上叫賣成堆蔬果的農夫都是；還有咖啡館是巴黎人用來交際，小酌一杯的臨時招待所，或者一個人到這裡點杯冰涼的基爾酒，什麼也不做，凝視遠方就好。

這一切似乎對我都有好處，所以我出發了。

美味巴黎

KIR 基爾酒 (1 人份)

基爾酒是一般的餐前開胃酒,其命名源自第戎(Dijon)的前市長,他致力復興勃艮地(Burgundy)於二戰遭到蹂躪的咖啡文化。他因為擁護基爾酒而深受當地人的喜愛,連我也是。基爾酒是以調入當地生產的黑醋栗酒而為特色。

基爾酒是加入白酒調出的雞尾酒,皇家基爾酒(kir royale)則是以香檳取代白酒,而且一定要用細長的香檳酒杯來喝,即使在巴黎最簡陋、最奇怪的咖啡館也都比照處理。主流的調配方法會加較多的黑醋栗酒,不過我個人偏好清爽口味,故建議減少用量。

材料

黑醋栗酒　1½~2 小匙∣冰涼的無味白酒　1 杯

最好是阿里高特(Aligoté),或其他香氣濃又清爽的白酒,像是夏布利(Chablis)或白蘇維(Sauvignon Blanc)皆可

步驟

將黑醋栗酒倒入高腳杯,再加白酒即可。在巴黎,鹹花生是下酒的良伴。

進 入
廚 房 之 前

書中所有食譜我都試做過。在巴黎，我會結合法國與美國兩地的食材，在美國則純粹採用本土食材。

不論你的廚房在哪，某些食材無法取得的地方，我會提供替代方案讓你得到出奇的效果。雖然幾乎所有食材都能在備貨充足的超市買到，我還是鼓勵盡可能使用當地食材。

鹽的選擇很多，我通常都用粗鹽（coarse salt），猶太鹽（kosher salt）和海鹽都不錯；如果沒有指定，隨你喜歡就好。我覺得精緻調味鹽又苦又澀，所以不用。假如你喜歡調味鹽，請減半酌量使用。

假如調味料需要糖，在某些國家的細白砂糖（castor sugar）類似白砂糖；糖粉又叫特級細砂糖（confectioners' sugar），在其他英語區國家就是糖霜（icing sugar）。麵粉都是通用的中筋麵粉，除非有例外。

雖然普遍認為該使用無鹽奶油烘焙，但可以用鹹奶油，再省略食譜中的鹽就好（我正打算發起回歸鹹奶油運動）。

最後，書中有些食譜可能不同於我在網站上寫的。食譜會隨著時間發展，能回過頭看看我的味覺和烹飪技巧如何演進滿有趣的。儘管科技日新月異的事實可能讓時光倒轉，回去改變，我會選擇維持原狀，保留網站上的文字來記錄那個特別時刻，我所做的事。在本書中，原本出現在網站上的食譜都是經過去蕪存菁的版本。

我是
巴黎人

抵達巴黎的頭一天，我做好迎戰的準備——帶著三只可笑的皮箱，裡頭塞滿不可或缺的私人物品；別人行李裝的或許是衣物、一堆愛用的洗髮精、一或兩本相簿。我呢？我的行李可是一堆夏皮萬用筆（sharpie）、花生醬，還有好多量杯。

在陌生的建築物前，三卡皮箱連同我費力穿過那扇木製、又厚又重的公寓大門，終於走到無人的中庭。在舊金山度過二十年歲月，而今我幾乎賣掉所有家當，剩下的都跟著我來了。

除了皮箱中寶貴的物品，幾個星期前我就將我在帕尼斯餐廳那些年所蒐藏、最寶貝的，上面還有一起做菜的作者親筆簽名的食譜打包成兩箱寄出，並計算好包裹和我本人到達的時間。

很快，今年是第六年，我始終期盼郵差敲門，讓我能和失散多年的食譜重逢。有回晚餐聚會，我又講述起剛到巴黎所發生的倒楣事，有個法國人簡短地回我：「我愛美國人，你們真的好樂天喔！」

說真的，直到現在我都認為某個人在某個地方珍藏著茱莉亞‧柴爾德（Julia Child）、理查‧歐尼（Richard Olney）和珍‧葛利生（Jane Grigson）親筆簽名的食譜。而我衷心希望他的名字就叫大衛，他熱愛做菜，也和我一樣寶貝這些食譜。

然後，我把行李和自己擠進狹窄到不行的電梯，在只有機艙廁所一半大小的空間中，層疊的皮箱雖然不穩，電梯門還是勉強關上，我只能祈禱平安到達頂樓而不被壓死。

電梯門最後在頂樓打開，我們一齊踉蹌而出。從口袋撈出一把郵寄給我，非常誇張的鑰匙，用來打開我僅從網路上看到圖片就天真愛

上的夢幻公寓——天花板反射法國複折式屋頂、小巧而完全開放的廚房、巴黎遼闊的頂樓視野，還有一間寧靜、帶有禪韻的臥室。

鑰匙在細縫中轉動，我推開大門。

我走進去發現入口通道上竟被漫地生長卻早已乾枯、毫無氣息的細長藤蔓緊緊盤據著，我只好費盡力氣去劈開這座都市叢林，才能順利進入、參觀我的新住所。

天花板懸吊著大塊、易脆的灰泥，紙般的石鐘乳碎片會掉下，弄得到處都是石膏粉。我踢開一些石膏碎片，往下查看地毯，簡直潮濕污穢到我不想踩在地毯上，怕弄髒鞋底。

要不是那污漬點點、令人不爽的床墊，那間日式臥房倒是一處祥和綠洲，還有上一任房客在床邊留下的一堆啤酒罐。生性樂觀的我，實在想當這一切是特地安排的歡迎，但所謂的迎新在我到臨前被消磨殆盡，我可以感覺到我的樂觀正在流失。好在上一任房客好心地將發臭菸蒂塞進空酒罐，而沒有弄髒地板。

面對這樣的情形，還能怎麼辦呢？

在巴黎，只能做一件事，那就是「吃」，再來一杯或者兩杯酒。於是我關上門、上了鎖再轉身離開（好像有人會進去偷我的舊襪子或量杯似的）。渴望著我在巴黎的第一頓午餐，走著走著便停在一間小咖啡館。受到這剛抵達巴黎就衰事連連的影響，我在不安無措的情緒下點了份沙拉和第一杯酒，但隨即意識到這可能會是我未來碰上任何問題會一再複製的解決方式。

用完午餐，我回到寓所拿起電話急叩住在國外的房東，他答應找油

漆工重新粉刷我的兩房公寓，也就是說，在完工之前我得搬出去。這可是第一件令人誤解法國的矛盾。我期望像粉刷兩間房這樣的小事對一般油漆工來說，只需要約一週的時間就能搞定。

但如果對方是個法國油漆工，可就另當別論！

§

我要跟任何想搬到法國的人說一件重要的事，那就是別指望有人會在乎找到解決問題的捷徑。

如果不相信，加入麵包店裡那群排隊等待長棍麵包（baguettes）的巴黎人你就明白了。從來就沒有聽過如此複雜、關於哪種長棍麵包比較好的討論：別太熟（pas trop cuite）或全熟的（bien cuite），傳統的（traditionnelle）或平常的（ordinaire），一半（demie）或者全部（entiere）……

聽聽在雞肉販前排隊的人討論什麼：要用箱子內、被養得肥胖的小母雞還是櫥窗裡、來自農場的雞來煮湯？左邊那隻雞跟右邊的尺寸完全一樣嗎？價錢都一樣嗎？你能不能兩隻都秤重，好確認一下？你後面倉庫還有其他的嗎？

協商、比手劃腳和辯論的重要性遠大於最後取貨走人的結果，而到了該付錢時，這樣簡單的動作也似無限縣長，彷彿一毛一角是如此珍貴，讓人捨不得付給收銀櫃檯。不知為何，每當結帳的時候，法國人總是一臉驚訝，好像在說：「說半天，你還是要我付錢嘛？」

那些認為我總在巧克力店和糕點鋪之間流連的人經常這麼問我，「你整天在巴黎做什麼？」我明白這樣的回答在他們耳裡聽來是既

無趣也不浪漫,「嗯,我昨天去買迴紋針。」或是「星期一,我去辦退貨;星期二,我在找我要的鞋帶。」

我已經學會給自己好多好多的時間完成任務,我瞭解遊戲規則必然有例外;不是當我到的時候,店家即將打烊(儘管門上貼著「請見諒(excusez-nous)」的敬語),就是店裡賣各種想得到的香草茶偏偏就是沒有最普通、我虛弱的腸胃最需要的甘菊茶。

我在法國「Darty」連鎖電器行為新公寓的電話買了電池卻不能用,於是第一次在巴黎辦退貨,天真地以為幾分鐘就 OK。還不都是因為「Darty」於牆面上的大字廣告:「顧客百分百的滿意是我們的宗旨(Notre Objectif:100% de clients satisfaits)」,我便以為一切將如沐春風,很容易的。只需找個時間順道進去拿換貨憑證,就能加入百分百滿意的快樂行列。

我走進店裡在接待處前的小隊伍排隊,我疑惑明明是寫著「歡迎」的字樣,這裡卻是全法國最不歡迎客人的地方。我在這裡等了又等……等了又等……再等了又等。即便我前面只有幾個人,輪到我時已經過了半小時。每次交涉似是永恆,多次你來我往的協商最後不是店家勉強接受,就是我承認失敗,聳聳肩離開。

美國人可不喜歡承認失敗,這就是為什麼我們常說:「叫你們經理來!」在美國,經理通常會站在顧客這邊,幫顧客解決問題;法國則不然,他的工作是看緊下屬。所以,你最好閉上嘴離開,除非你有足夠的自信一次挑戰兩個敵人,不是一個喔!

換我了,我以為我只要交出壞的電池,換成新電池或者退費即可。正好相反,我被指示到樓下的顧客服務台。

在被搪塞了一份鼓鼓的、夾著一堆資料的三孔文件夾後，店員開始收集檔案。一疊填寫完的表格，打上日期和時間然後複印。之後，經理被叫來簽名，不過，他可是花了點時間研讀這疊厚厚的內容，多疑地想在這份申訴上找到我做假的蛛絲馬跡後才不情願地簽字。然後他們要我上樓，大概是去領退款吧。

我鬆了口氣，帶著文件一臉篤定地出現在那位收銀台後方、晚娘臉孔的女人面前，等著領全新的電池。錯！我還得再到另一個櫃檯再審一次檔案，新電池可能也在這裡等我。

這回，櫃檯小姐又花了好長時間從電腦裡叫出我的資料。當她找不到庫存時，我只好笑笑地問她：「那麼，我可以請求退費嗎？」

我們只能說如果那句廣告詞有半點真實的話，他們應該將一百分滿意度調降到一分。說到房子，我的住宅大師也能媲美這相同的顧客滿意度。都過了兩個星期，他的粉刷工作差不多應該完成，卻遲遲無法劃下最後一筆離開。我再次感受到我那可愛的樂觀天性正一天天地消逝。我留他獨自工作只好投宿朋友公寓時，我還傻傻地以為要是我搬回去住，在他周遭開始擺設私人物品，他可能會識相點趕緊做完離開。

事實不然，他把工具留在地上，不管是多麼芝麻綠豆大的事，每天都來報到；重漆門腳，替壁櫥頂換張皮，或修飾冰箱後頭的護壁板，最後離開前還表示明天要再來完成幾個關鍵處。這樣過了數週，我的心得是：「完工」兩個字根本不在他的計畫裡。奇怪的是他都拿到錢了，而且我確定有更棒的工作在等著他，好過花一下午在我公寓裡拖著梯子和防塵罩，四處尋找遺漏的死角重刷。

因為不忍心看一個四十多歲的大男人哭，我的朋友大衛和藍道爾提議演一場「干涉法國油漆工」的戲碼，想一勞永逸地擺脫他。他們打電話向他下最後通牒，告訴他會將工具堆在公寓門口外，他最好盡快來取。接著我們就離開，走了好長的路又在咖啡館喝杯酒才回去，而他和他的工具終於永遠退出我的生活。

我想，大概如此！

好在同時，我也換了新的電話號碼，並得知「紅冊子（la liste rouge）」的用意，就是能夠過濾電話，阻擋你不想接到的對象，包括意圖不軌的法國油漆工。馬上，我在全新的電話上按下幾個鈕，開始感受回家的自在。

美味廚房

SALADE DE CHEVRE CHAUD
溫羊起司沙拉 (1 人份)

我初到巴黎的第一道菜就是溫羊起司沙拉，當時我獨自坐在巴士底區的 Café Le Moderne 咖啡館用餐，思索眼前的困境。

我坐下後鼓起勇氣，串起幾個僅知的幾個法文字，點了一份簡單的沙拉。上面鋪滿一塊塊圓型的溫羊起司，配上一杯爽口的白酒，後來我又接連喝了幾杯。

材料

【羊起司吐司】

黑麵包、如天然酵母麵包或好的白麵包　各 2 片｜特級初榨優質橄欖油適量｜圓型羊奶起司（crottin）水平對切　90 克

【沙拉】

紅酒或雪利酒醋　1/2 小匙｜特級初榨優質橄欖油　2 小匙｜第戎芥末醬　1/8 小匙｜粗鹽　少許｜萵苣撕片　100 克｜新鮮研磨黑胡椒｜胡桃切半，可適當烘烤　25 克

美味廚房

步驟

1. 預熱烤箱,將烤架置於發熱器下方 10 公分處。

2. 用適量橄欖油塗抹麵包,使之潤濕。在每片麵包上放半片起司。置於烤盤後放進烤箱,直到起司變軟、溫透,上面有點焦黃。約需 3～5 分鐘,視烤箱而定。

3. 烤麵包時,在大碗裡製作酸醋醬。用一支叉子攪拌醋、橄欖油、芥末醬和一小撮鹽。

4. 將萵苣在酸醋醬中輕輕翻攪,鋪在盤上。將黑胡椒磨成粉,撒上萵苣,將溫熱的麵包放在萵苣上。可加上胡桃片,置於最上方即可。

盛盤:配上一杯或一個 fillette(法國的容量單位,約 37.5 毫升)的清涼白酒,如蜜斯嘉(Muscadet)、桑賽爾(Sancerre),或白蘇維翁。好好享用吧!

我的
小廚房

那年為了要結束美國的一切瑣事，我必須立即再回到美國待六個月。因而決定出租我剛粉刷過，配有最先進長途電信設備的公寓。我在知名的網站上列出條件，並獲得令人振奮的小小回應。最熱情的回應來自一位可能的二房客，他說：「我迫不及待在大衛‧勒保維茲那儲藏豐富、又設備專業的廚房裡料理和烘焙。」

我的拍照技巧一定沒那麼好，因為我回覆的圖片並未促成交易，從此他音信全無。即使是用廣角鏡頭拍攝，也很難掩蓋我的廚房空間僅能勉強容納一個人的事實，更別說是任何專業的設備。而且顯然對這傢伙而言，我的名氣還不足以掩飾廚房的缺失。

來自美國，擁有廚房平均空間有這整間公寓大小（通常會更大）的國家，要學著在這麼小的流理台上烘焙，得先拿起一個碗才能放下另一個，對我來說是難得的體驗。我烘焙的次數還沒有維持現場秩序來得多！大家一看見我的廚房便直呼可愛，「太有巴黎風格了（C'est très parisien）！」邊說邊興奮地衝進廚房直到他們抬頭，用力撞上傾斜的天花板才開始瞭解我的處境。一開始，我也是吃盡苦頭，砰一聲敲到頭的次數多過巴黎紅燈區（Pigalle，位於巴黎第九區和巴黎十八區。皮加勒廣場和主要大道上開設許多性商店，妓女則在橫街上營業。著名的紅磨坊就位在這裡。）的女子，最後我才終於學會留意那個天花板。

我剛搬進公寓的時候，廚房也是一踢糊塗，與其他房間並無二致。冰箱彷彿從一九六八年，法國五月學潮爆發以來就沒清理過。洗碗機的輸水管因為巴黎的水質，漸漸累積石灰讓管壁變厚、變窄，當你轉開開關，夾著希望的唧唧聲序曲代替哼唱生命之歌，隨即變成喘息聲，鍋碗瓢盆全在機器裡哐噹響，沒多久就開始劇烈搖晃，機身猛然撞擊四周直到脫韁出櫃，逼得我衝到廚房去拉掉插頭中止一

場碎片大結局。

洗碗機後則是一座嵌在角落裡的小型洗衣機。就我及生活在歐洲的其他美國人而言，我們無法理解為何在歐洲使用歐洲機型來洗一堆衣服要花兩個小時，在美國使用同一機型卻只要四十分鐘？

對我們這些沒有烘乾機（在巴黎幾乎沒人有）的人來說，曬乾衣物是緊接的問題，意思是你得發揮巧思，善用公寓裡可行的多餘空間，人們說這是「那不勒斯洗衣婦的作風」（à la Napolitana）；也就是假如你有客人來家裡，無須害羞於讓他們知道你穿的是四角褲還是三角褲。我不是那不勒斯人，但我寧願把衣物晾在室內，也不想我的鄰居，特別是對街拿著雙筒望遠鏡的偷窺者知道我太多的底細，雖然他似乎是非常在意我公寓樓下發生的任何事。（就是因為他，現在連我也很關注樓下。）

成為巴黎一分子意謂著你得購買人生第一把曬衣架，這項有數十年傳統的交易需要再三考慮、反覆思索、比較特點，像在買人生中的第一部車那麼重要。初次親身體驗曬衣架的世界，時間長達三十分鐘以上；有個熱心的銷售員，推銷功力足以令銷售天王羅納‧波裴兒（Ron Popeil）汗顏，他拿起手邊每一支曬衣架表演伸展、彎曲、扭轉。我好奇他每天站在曬衣架中是因為工作需要或純粹太無聊。大意失荊州，我竟然衝動地把衣架買回家，一來是衣架堅固且設計精美，二來是在法國百貨公司裡，我竟然得到一名銷售員全部的注意力超過三十秒之久。

撇開兼職義大利洗衣婦的工作不談，我必須想想我的主業，好多的柴米油鹽、好多的麵粉和糖。擠身在如此小的美式廚房裡，我如何工作呢？當我說「美式廚房」，你可能正召喚出寬廣的花崗岩流理

平台，櫥櫃上擺放著熠熠生輝的炊具、最新的廚房小器具，和餐廳規模的家電用品。

但我在巴黎，「美式廚房」等於「毫無用處」。

我的流理台太高，假如把湯杓放在碗緣就有被戳瞎的危機；也就是即便身高將近一八○，當我在調製麵糊之類時，我幾乎看不見碗底，只能假設裡頭所有東西都被攪拌均勻。我期望能在天花板上掛一面鏡子，但在我搬進去以前，油漆工早搬走公寓裡所有覆蓋在牆上、七○年代風格的鏡子，而我不打算打電話叫他找回來。

這種欠缺實用的流理台，只好不去使用它免得占用公寓空間，結果我所有的煮食區域大約只有八人份長形歐培拉蛋糕（gâteau opéra）大小，這裡我們說的可是八個法式等分，而非美式厚片。

我在極度缺乏水平空間的情況下，首先就是體認只能垂直向上發展，將東西一個疊一個實在麻煩。假如我需要老在最底下的那罐糖，就必須把疊在上面的東西挪開，包括——有麵粉、可可粉、玉米粉、糖粉、穀物粉、紅糖和燕麥，一一挪開。若不小心撞倒，當然，也得一一疊回去。

我最寶貴的美國貨——蜜糖漿、有機花生醬、櫻桃乾、不沾鍋的食用油噴劑及立頓洋蔥湯粉——全都被擠在一座廚櫃的背後，只在特殊場合才拿出來。洋蔥湯粉在這裡尤其少見，只有招待貴客，我才願意撕開一包鋁箔裝湯粉。

我經常做點心，所以我會囤積食材。這裡的店家通常晚上九點就關門，晚上八點四十分，沒有任何事要比在此刻宣告「糖沒了」還

糖，因為這個時間店員都準備打烊休息。於是我買了一座烘焙用的鉛架來儲存大量的麵粉、核桃、巧克力塊和好幾公斤的糖，確保冰淇淋、蛋糕、餅乾時時刻刻不虞匱乏。

保證會讓只看過將二、三十包糖或麵粉往糕餅鋪而非某人住所送的法國客人目瞪口呆。我還有一個櫃子塞滿巧克力，裡面有好多好多巧克力片和好多袋巧克力金幣，這些小巧、圓盤狀的巧克力正適合不想浪費時間的人——或者在我的廚房，沒有足夠空間的情況下——把一大塊厚黑巧克力削成所需的 247 克。唯一的麻煩是，不管我再怎麼把裝著棒棒糖的盒子藏在角落，只要將手伸進櫃子約手肘深，一下子就能輕易找到；就像我還是孩子時盡情地往麥片碗裡撈，就是想找到獎品。

因為空間受限無法囤積所有東西，也只能無奈地將其他像爆米花、玉米片這類的東西維持最低數量。儘管我的幾位好朋友在炊具設備大廠工作，時不時送來讓人無法推卻的禮物，不過還是被我婉拒。

好啦，我知道在正常狀況下，豈有不收專業果汁機，或者銅製烤盤的道理？所以加一台果汁機、義式咖啡機和冰淇淋機，算一算廚房的空間；百分之二十五給電動攪拌器，百分之十給果汁機，百分之五十四再給我的義式咖啡機，整個流理台只剩下百分之十一的空間可使用。

雖然我考慮不放洗碗機，辛苦一點改用手洗，那位幫我趕走油漆工的朋友藍道爾卻給我一記耳光，推翻了我的想法。不久之後，兩個長得不賴的法國人出現在我的公寓裡，結實鼓凸的肌肉，俊俏的臉龐閃爍細微的汗珠真是不錯，但更令我感動的是那台全新的洗碗機硬是被他們一路拖到六樓。

在我家住得愈久，我對空間變得愈有創意，現在我的巴黎公寓幾乎就像我在舊金山的美式廚房，是一間真正的大廚房，比起在「塔吉特百貨」（Target，美國僅次沃爾瑪的第二大零售百貨集團。）購物更令我想念。連公寓屋頂我都利用了，這裡有世上最美的冷卻架；我的餅乾在巴黎微風吹拂下，俯瞰著艾菲爾鐵塔和孚日廣場的風景中漸漸變涼。在確認周遭沒有野生動物來偷吃的條件下，這個方法確實很有效。我費了一番功夫研究幾隻被黏著在一大塊尚未冷卻的太妃糖上，吱喳作響的鳥兒，原來巴黎的鴿子和我一樣喜好甜食。

何必限制浴室只能是個人的洗滌間呢？我那老舊卻非常實用的大理石衛浴架就是個理想的防鴿環境，可以用來冷卻糖果。當有許多鍋碗瓢盆待處理，大尺寸浴缸要比廚房裡，連安裝在芭比夢幻房子裡都嫌小的迷你水槽有更多的空間。

想像一下，假如你得借用飛機上的洗臉槽來刷洗湯鍋，你將會知道我的浴缸是能用泡沫淹蓋整個法國鑄鐵鍋（Le Creuset）的最佳選擇。我在浴缸注滿肥皂水，蹲下來像過去塞納河邊的洗衣婦一般刷洗著。

當初搬進公寓時，那座馬桶已經是日落西山、氣數將盡，沒想到卻被我當作所有回天乏術、失敗作品的垃圾桶。它就像法國人，有時難搞又脆弱。有一回，朋友順道拜訪，馬桶裡正好有一坨草綠色、製作失敗的薄荷冰淇淋沒沖乾淨，結果他走出廁所竟是建議我該看醫生。現在我每回沖完馬桶一定要檢查，確保所有東西清潔溜溜才是上策。

那麼臥房會是禁區嗎？完全不是！（Pas du tout）這些日子以來，並不如我想像中有那麼多活動進行，所以我把房間變成全職的冰

窖。當我著作關於冰淇淋之書時，臥房便開始有了多重身分，我一整天都在這兒大量生產冰淇淋和冰沙，有時候會到半夜擾得樓下鄰居都在猜我到底在做什麼。

我有三台機器輪流製作冰淇淋，但都會產生很大的噪音，解決之道是進到臥房才能阻隔噪音。麻煩的是要跟我的清潔人員解釋為何床單上沾著太妃糖，當我告訴他們我在攪拌冰淇淋時，卻是得到有趣的表情。法國人向來因為臥房裡的怪異姿勢而出名，我想這次他們是敗給我了。

美味巴黎

ILE FLOTTANTE

飄浮海島 (6人份)

千萬別把蛋白酥皮直接從馬桶沖掉,尤其如果你住在頂樓,水壓特別低時。這是我的寶貴經驗,曾經,有一堆毛絨絨的蛋塊硬是好幾天沖不走。沮喪之餘,我終於拿了一把刀,把這些蛋塊一次清乾淨。

但這個版本成功了,你不會想丟掉任何一點蛋白酥皮。

材料

【英格蘭醬】

蛋黃　4顆量｜全脂牛奶　375毫升｜糖　50克｜香草莢　1枝(沿纖維撕開)

【蛋白酥皮】

常溫蛋白　4顆量｜鹽　一小撮｜塔塔粉　1/8小匙(不一定要用)｜糖　75克

【焦糖】

糖　200克｜水　180毫升
杏仁片或開心果切半烤過

美味巴黎

步驟

1. 製作英格蘭醬。將冰塊和一些水倒進大碗，在裡面放一個較小的金屬碗準備盛放英格蘭醬，在上面準備一個濾網。

2. 將牛奶、50 克糖和香草莢放在燉鍋裡加熱，一開始溫熱，輕輕將牛奶倒進另用碗裝的蛋黃，繼續攪拌。均勻後放入燉鍋，用耐熱抹刀繼續攪拌，直到蛋糊開始變稠。

3. 立刻將蛋糊瀝過 1. 的濾網，倒進冰涼的大碗。將香草莢刮出籽，加入蛋糊，慢慢攪拌，直到變涼。放入冷藏備用。

4. 製作蛋白酥皮，先預熱烤箱至攝氏 160 度。將 2 公升的長型模輕輕抹上一層奶油，放入淺烤盤。

5. 用手或電動攪拌器以中速打蛋白。加入鹽巴和塔塔粉（如果有），直到起泡。將攪拌器調至高速，當白色泡泡開始成型，加入 6 小匙糖，一次加入一小匙。當糖都加完，再繼續打幾分鐘，直到蛋白酥皮變硬且油亮。

6. 將蛋白酥皮鋪在長型模裡，小心不要產生氣泡，用沾濕的抹刀將頂部抹平。在烤盤上加入四分之三滿的溫水。

7. 烤約 25 分鐘，拿牙籤戳進中心抽出時，牙籤必須不沾上麵糊。將蛋白酥皮拿起，放在網架上冷卻。

8. 製作焦糖，把一杯糖平鋪在厚平底鍋。開中火，直到糖開始在邊緣融成液態。用耐熱鍋具輕輕翻攪，防止邊緣燒焦。

9. 當糖融化，開始成焦糖狀，繼續攪拌（這可能使糖開始結晶成形，這樣很

正常），直到糖變成深棕色，有點焦味。將焦糖移開爐火，加一點水，小心熱氣。

10. 將平底鍋移回爐火上，攪拌至所有滾燙的糖融解。稍微瀝過焦糖，除去焦硬的糖塊。

盛盤：先冷卻每個碗，在碗裡倒入 80 毫升英格蘭醬。用刀子滑過蛋白酥皮的邊緣，將其翻出，放入一個大盤。將蛋白酥皮切成六片，放在英格蘭醬上。淋上滿滿一匙的焦糖，撒上一些烤過的堅果。（你也可以用糖霜杏仁，見第 66 頁。）

保存方式：英格蘭醬可以加蓋放在冰箱保存三天。焦糖的分量會比你這次需要的還多，可放在冰箱中保存數月，當其他點心的配料。蛋白酥皮可在前一天製作好，放在冰箱，輕輕蓋住。上菜時，英格蘭醬應保持低溫，焦糖則需放在常溫備用。

CLAFOUTIS AUX PRUNEAUX- FRAMBOISES

法式布丁蛋糕 (8 人份)

不管你的廚房多麼五臟不全,法式布丁蛋糕作法簡單,而且不需要特殊設備:只要一個烤箱、一個大碗、一支打蛋器和一個烤盤。這不是一道令人驚豔的甜點——它很家常,很簡單;當季豐美多汁的夏日水果上市時,自然而然就會想到這道甜點。

最好的選擇是紫香李,也可以用新鮮杏子取代,烘烤時香氣特別撲鼻。

材料

融化的有鹽或無鹽奶油 60 克 | 成熟李子 450 克 | 覆盆子 115 克 蛋 3 顆 | 麵粉 70 克 | 香草精 1 小匙 | 糖 130 克 | 全脂牛奶 330 毫升

步驟

1. 將烤架放在烤箱上面第三格的位置,預熱烤箱至 180 度。

2. 用奶油輕輕擦拭 2 公升淺烤模內部。將李子對切、去籽,將切面朝下放在烤模底部。如果李子很大,可切成四塊。將覆盆子撒在李子四周。

3. 用一個中型碗把蛋打成蛋汁。將奶油和麵粉打進蛋汁,直到完全均勻,加入香草。依序打入 100 克糖、牛奶。

4. 將蛋糊淋在水果上，放進烤箱烤 30 分鐘。

5. 30 分鐘後，將放著布丁蛋糕的烤架移出，不要拿起布丁蛋糕，這樣可能會將頂部正在成形的表皮弄破。接著，撒 2 小匙的糖粉。

6. 續烤約 30 分鐘，直到蛋糕中心也開始變硬，頂端看起來呈現漂亮金黃色。

盛盤：趁剛出爐還溫熱或常溫時食用。布丁剛烤好時最好吃。我比較喜歡單獨吃，傳統的吃法即是如此，但可以和香草冰淇淋或鮮奶油一起吃。

巴黎生活
關鍵字

既然人在巴黎，有些事一定得知道。

好比說購物——買一雙手套、一把榔頭、幾條鞋帶、電話用的電池，或者只是一條普通的長棍麵包，不論你買的東西是大是小，都無所謂。當你踏進店家卻找不到你要的，你就會問那些惺惺作態，奉你為上賓的店員。

面對他們以冷漠（réception glacial）代替回答的態度，直到你離開都不禁要抱怨：「巴黎人都這麼難搞嗎？」

但可能是因為你侮辱到對方了——而且很嚴重——也許你覺得莫名其妙，只是問問題也中槍。沒錯，問題就在這。

你一定要學會法語最重要的兩個字：「先生，你好。（Bonjour, monsieur）」或「女士，你好。（Bonjour, madame）」，這是每當你迎面對上一個人絕對要有的第一反應。不論你是走進店家、餐館、咖啡廳，甚至是電梯，你都必須跟所有在場的人說這兩個字。

連進入候診室，每個人都會打招呼說：「你好」。不管是在藥局或在機場檢查站要你脫皮帶的人；因為用一次就壞的冰淇淋勺，而可能拒絕退費給你的人；還是市場上，那名牙齒不整、少找錢給你就溜的攤販。請確實向他們打招呼。

假如你遇到單身女性，請說「小姐，你好！（Bonjour, mademoiselle）」我不知道該如何分別小姐和女士，有個法國人告訴我「小姐」是對還沒有性行為之人的稱呼。啥？我可分不出來，偏偏這位老兄保證所有法國人都會。

巴黎的百貨公司就屬例外。那裡的服務通常是爛到不行。店員視顧

客為麻煩而非花錢的大爺，會妨礙他們發簡訊，打斷同事聊男友是非；或者耽擱他們到戶外抽菸，休息一下。

美國人總是懸念著法國人的無禮。遊走美國各地，被問及的頭一個問題就是：「法國人真的恨美國人？」

不是的，他們只是不喜歡粗魯的人（我也不喜歡，所以我不怪法國人）。若是不想被誤認粗俗又希望得到親切的對待，你就得學習禮節，但有時這對習慣輕盈步入店家，一聲招呼都不打就離開的美國人而言，似乎很棘手。如今我在美國，反而要戒掉的是每次離開商店前都一定要跟每個人說再見的習慣，包括收銀員、倉管、電影院的工作人員，以及正在祕密執勤的保安。有一次我進去休士頓的沃爾格林（Walgreens）藥局沒多久，擴音器傳來刺耳的警鈴聲，我卻依舊對每位忙著打收銀機的人員打招呼。

然而在巴黎，最粗魯的行為——相信我，本人曾以身試法——莫過於忽視銷售人員。

有一天，我來到波西米亞左岸一間昂貴的巧克力店裡購物，一對美國夫妻穿著短褲、鞋帶鬆脫的運動鞋和棒球帽（感謝他們沒把帽舌向後戴），手拿著從附近星巴克買來、沉重的特大杯拿鐵（venti lattes）走進來。在巴黎，這就好像是有人把一加侖的牛奶罐拖進位在第五大道上的第凡內（Tiffany）珠寶店裡牛飲。他們的服裝連同撞開大門擠進來的動作已經夠精，卻還對迎接他們而飽受驚嚇的銷售小姐不吭一聲，呼地從她身旁快速經過。身為美國人就有義務改善他人對我們的印象，於是在離開前我代他們致上深深的歉意。

剛開始，打招呼的動作確實令人尷尬，所以把巴黎店家當作是別人

的家會有幫助。想像一下，假如有人來你家作客卻從門口莽撞地闖入，換作是我也不想和這種人分享我的巧克力。那些手執拿鐵的人不是故意如此；他們只是很自在，跟在美國沒什麼兩樣。嘿，我告訴你，在美國，我甚至看過有人穿著衛生褲倒垃圾呢！你信不信？

美味巴黎

GATEAU THERESE
巧克力蛋糕 (8～10 人份)

我認識的法國女人都好愛巧克力,在她們腦海的拿手好菜裡,一定有巧克力蛋糕這道甜點,而且可以隨點隨做。這道食譜來自德蕾絲・培拉斯,她住在我的對街;當我第一次吃到這個蛋糕,就陶醉在它濃郁的巧克力香味裡,堅持要到這個食譜。

培拉斯太太喜歡在兩天前做好蛋糕,放在廚房的櫃子;她說,這樣會讓巧克力的香氣更濃。她在那裡也放了布里乾酪,也不失其原味。不知為何,這個蛋糕吃起來簡直就像一大塊黑巧克力。她用的是瑞士蓮巧克力(Lindt),在法國這種巧克力很普遍;每次看到她,我注意到她的皮包總是露出一小角的銀箔包裝紙,藏了一根巧克力棒當點心。

材料

微苦或半甜的巧克力末　250 克 | 無鹽奶油　120 克 | 糖　65 克 | 常溫雞蛋　4 顆(蛋白蛋黃分離) | 麵粉　2 大匙 | 鹽　一小撮

步驟

1. 烤箱預熱至 180 度。用奶油擦 9 吋烤模,在底部鋪上烘焙紙。

2. 將大碗放進裝了滾水的平底鍋,將巧克力和奶油一起隔水加熱,直到完全融化。

3. 移開熱水，加入一半的糖攪拌，再依序加入蛋黃和麵粉和勻。（無須一再使用磅秤精準秤出分量。只要假裝你是法國女人，在廚房優雅料理。）

4. 用電動攪拌器或打蛋器，蛋白加入鹽巴一起攪拌。攪拌至濕性發泡。慢慢加入剩餘的糖，直到蛋白變得柔軟，當打蛋器拿起的時候會成形。

5. 用橡皮抹刀把三分之一的蛋白拌入巧克力糊，接著再拌入剩餘的蛋白，直到完全混合。

6. 將所有麵糊刮進已備好的長模，刮平頂部，烤 35 分鐘，直到蛋糕中心有點硬，不要烤太久。

7. 讓蛋糕在長模中自然冷卻。

保存方式：巧克力蛋糕可以常溫保存三天。培拉斯太太把它放入碗櫃，但也可以把它放在蛋糕圓頂盤裡。蛋糕也可以用保鮮膜包好，放冰箱冷凍可達一個月。

像個巴黎人
般用餐

搬到法國前，我喜歡的用餐方式是腹部朝桌子好好地坐下來，眼前一碟盛滿食物的盤子，抓起遙控器猛按轉台鍵直到找到任何我想看的好萊塢八卦節目。

當節目播報名模不小心吞下一根胡蘿蔔棒，或者趁諸位名嘴分析一名被狗仔跟蹤的跑趴女王為何會在不當時機打開她的腿的空檔，我就有機會將盤中的食物塞進嘴裡。我的餐叉能用來插入一大塊食物也能充當刀子使用——雖然這樣很笨。我就像一頭餓到發慌的野獸大肆攻擊盤中飧，完全不在乎吃相。

為了不讓別人發現自己是舉止粗魯的外國人（étranger），我會表現出文雅的一面；和法國人進餐時永遠、永遠都是刀叉併用，這也迫使我吃飯得放慢速度。剛開始，我會模仿他們一手拿刀子（真正的刀子！），另一手精準地穩住食物，切成一塊塊精緻且適合的大小，才能一小口一小口地往嘴裡送。一旦你在法國人的餐桌上拾起餐刀，在用餐完畢前可別想放下。

還記得在我當起背包客旅行歐洲期間，因為我使勁剝開香蕉皮，塞進嘴裡像個未開化的野人啃咬到最後，再把香蕉皮扔到一邊，人們瞪著我看的表情像在說：「好恐怖喔（Quelle horreur）！」

看看法國人吃香蕉吧！小心撕開香蕉皮，把果肉放在碟子上，用刀子輔助叉子切成薄片後再吃。我得承認我還是維持原樣吃香蕉，但只限一個人在家。出門我就不吃水果，因為這實在太有壓力。

比水果還討厭的事莫過於白色的魚片，帶著幾乎無法辨識、像刺般的骨頭，直到卡住喉嚨才驚覺。法國人不處理這些骨頭，他們說這樣在烹調時會使魚肉更有水分。（他們似乎也沒有處理個人意外的

律師在場，所以就更沒必要剔除那些卡住喉嚨的小刺。）我好恨從嘴中咀嚼到一半的魚肉裡拔出魚刺，這可是餐桌上最不雅的動作。對法國人而言，卻好像從來都不是問題，他們不用手指塞進牙床就能拿出魚刺，偏偏我就是做不到。

另一挑戰則是沙拉，我在法國曾被警告絕對不要用刀叉切萵苣，因為這樣很失禮。相反地，你必須牢牢記住用叉子插入葉子，再用刀輔助疊起菜葉。當你吃多葉的綠色蔬菜像是長葉與球葉萵苣（iceberg）時，被這樣要求並不過分，但是一團雜草似的芝麻葉該怎麼吃？我已經研究出方法來享用這一堆柔弱的植物，而不讓難搞的葉柄像傑克森‧波洛克（Jackson Pollock）的畫風般，把我的襯衫正面濺得到處都是。所以我只在家裡一個人時才吃，我可以捧著一個又大又深的碗，不是靠近下巴就是把臉埋入碗裡。

若是你不擅長使用刀叉，別怕，同志（Mes compatriotes）；過去幾年，巴黎正吹起一場廚房革命。不是在那些可怕的正方形盤子上擺著無用的醬汁或在盤邊撒上牛肝菌粉；又或是可笑的玻璃杯（verrine）——裡頭填有沙拉和甜點——愈不可能搭配的味道，愈是被報導。也不是三星主廚幹的蠢事，認為任何食物都能被精簡、凝凍、冷卻或浸漬。

其實是三明治（le sandwich），令人意外地竟被拿在手上邊走邊吃。

有人將三明治的風行歸因於一周三十五小時的工作天數沒有足夠的午餐時間（工作量太大是政府的錯），或因為巴黎昂貴的餐廳價格（政府也要為此負責），或純粹希望午餐方便就好。我想若是能少花點時間填寫政府文件、再複印成四份，還要無止境地排隊等待交出，我絕對會有更多時間做事，比方說坐下來好好吃一頓。就這

點，我也要數落政府的不是。

近來，在街上看見趕時間的巴黎人手拿半條對切的長棍麵包，裡頭塞著幾塊三角狀的卡蒙伯爾起司（camembert）或火腿再放上一大片淡黃色奶油，一邊嚼一邊快速走著，一點都不奇怪了。我發現自己不太可能在路上邊走邊吃午餐，實在是因為吃相太差，不管穿什麼，滿身的麵包碎屑搞得我很狼狽。所以我堅持在公開場合吃三明治要用刀叉，就像巴黎人堅持使用刀叉吃漢堡，否則會說：「不可能用手拿起漢堡吃啦！」而現在我做到了也讓他們非常驚訝。

我做夢也沒想到萬惡的麥當勞分店竟然聚集一群狂熱的巴黎人。自從來到法國後，唯一一次破戒是在法國的高速公路，飢腸轆轆的肚子害我不得不打破十五年來拒吃麥當勞的禁令。我注意到傳統的用餐禮節被麥當勞的用餐民眾丟置一旁，從塞爆的垃圾桶裡溢出，四散在桌上、地上的大量餐巾紙和塑膠袋足以證明。在我身旁的用餐民眾正一邊用手拿起他們的食物——甚至是漢堡！——搭配著汽水（真奇怪，明明有酒啊！）邊點頭欣賞地方景色，一切恍若是畫在牆上的農村場景，有羊奶起司漢堡和純樸沒有心機的鄉下人。

不是因為它特別便捷，或是特別便宜，更別說好不好吃，除了麥當勞的午餐供應到傍晚在鄉下比較少見外，我看不出值得一再光顧的道理；可法國人偏偏就愛，每隔六天又不知在哪裡開了一家新的麥當勞。

我想也許麥當勞是少數能讓法國人放下戒心——和他們的刀——不用在意自己的舉止，便能輕鬆享用一餐的地方。事實上，我該再給它一次機會。畢竟，我可是吃漢堡的老手，而且菜單上也沒有任何麻煩的新鮮水果呢！

美味巴黎

TAGINE DE POULET AUX ABRICOTS ET AUX AMANDES
雞肉杏子塔吉鍋撒杏仁片 (4～6 人份)

第一次在我的小廚房為法國友人下廚時，我以為和美國一樣，每人半隻雞的分量合宜。但我採購時降低了分量，因為法國人只需要一支雞腿就夠他們忙得比我想像得更久，而且心滿意足。我對他們的耐心，以及如何用精準如外科手術，從都是骨頭的雞翅裡挑出每一塊肌里，感到萬分佩服。

雖然我難以克服公開吃新鮮水果的恐懼，水果乾 OK，我喜歡做塔吉鍋料理時用一些當佐料。塔吉鍋是北非的傳統砂鍋，法國人也愛用。我在一個名為 Sabah 的阿拉伯市場找到杏乾、法國的梅乾、亞美尼亞的桃子、伊朗的椰棗，它位於繁忙的 D'Aligre 市場一角。狹小的巷弄裡擠滿食材，從橄欖、泡在鹽水裡的醃檸檬，到來自世界各地一麻袋一麻袋的堅果和乾果。雖然他們香料的種類多到令人嘆為觀止，我特別大老遠穿越市區到 Goumanyat 來找番紅花，這裡的番紅花特別有名，實為香料愛好者的聖地。

材料

杏乾　125 克｜全雞　1 隻（切成八塊，為 2 隻小腿，2 隻大腿，雞胸肉橫向切成兩半，和 2 支雞翅）｜薑粉　1 小匙｜薑黃　1 小匙｜辣椒粉 2 小匙｜番紅花絲　1/4 小匙｜肉桂粉　1 小匙｜粗鹽　2 小匙｜現磨的黑胡椒適量｜有鹽或無鹽奶油　30 克｜洋蔥末　1 顆量｜雞高湯　60 克（選用低鈉，可用水代替）｜新鮮香菜末 10 克｜蜂蜜　1 大匙｜檸檬汁 1/2 顆量｜烘烤的脫皮杏仁　75 克

美味巴黎

步驟

1. 預熱烤箱至攝氏 190 度。

2. 在小碗裡倒入杏子，加滾熱的開水蓋過，備用。

3. 用薑、薑黃、辣椒粉、番紅花、肉桂粉、鹽和胡椒醃雞肉。

4. 在塔吉鍋或類似的耐熱砂鍋裡融化奶油。加入洋蔥，以中火煮 5 分鐘，偶爾攪拌直到半透明。

5. 加入雞肉煮 3 分鐘，用鍋鏟拌炒釋放香料的香味。倒入雞湯，加入香菜，加蓋。

6. 烤 50 分鐘，燉煮雞肉時，翻一兩次雞塊即可，別太常翻。

7. 取出砂鍋。用鍋鏟將雞肉移到較深的盤子，覆蓋鋁箔紙。將砂鍋放回爐火上，加入蜂蜜和檸檬汁，以中火熬煮醬汁，至約剩三分之二。視情況加一點鹽。

8. 把雞肉放回鍋裡，加入杏仁再熱醬汁。盛盤。把杏子上的水瀝乾，鋪在最上面，撒上分量外香菜。

盛盤：雖然傳統上塔吉鍋不會和蒸肉丸一起上菜，我在家裡會這麼做，就像我最喜歡的北非餐廳巴黎 L'Atlas，他們也有這道菜。L'Atlas 這間餐廳就在阿拉伯世界學會（Institut du Monde Arabe）對面。另一個我喜歡的餐廳是 Chez Omar，之前是一間小酒館，現在已經是非常受歡迎而且頗時尚的北非餐廳，他們也有當地最道地的薯條。

穿得像
巴黎人

MODÈLES
DÉPOSÉS

十年前，如果有人跟我說我會站在燙衣板前，燙平睡衣和抹布的皺褶，我一定會嗤之以鼻認為他們瘋了。有哪個笨蛋會燙他的睡衣，更何況是抹布？

時至今日卻發現我會每週盡責地拿著發熱的熨斗來回燙著襯衫、POLO 衫、T 恤、牛仔褲、睡衣、枕頭套、餐巾，還有就是抹布沒錯，同時還要確定每一條皺褶都被燙得服服貼貼，不留痕跡。

到巴黎後不久就興奮地發現 Vide-greniers，也就是美國車庫大拍賣的法國版，可以將家裡一堆不需要的東西賣掉，價錢要比豪華百貨公司裡賣的便宜許多。大約那時起，我也找到亞麻製品，尤其是法國經典的亞麻被單、枕套和抹布。當我一抓起厚重、上過漿的乾爽布料，便陷進去開始瘋狂囤購，凡是能帶上地鐵的就通通帶回家。

每回碰上一堆亞麻品的拍賣，我都想機會難得錯過就沒了，索性全買下來。直到數個月後，當我的衣櫥幾乎關不上，才發現質感好的亞麻布在法國很平常，其實也沒必要買這麼多啦。

糟糕的是當美麗的亞麻布塞滿櫃子，我立刻體會看見從迷你洗衣機拿出皺成一團的亞麻布是什麼感覺；它們看起來就像丹麥流行、一層層緊密堆疊出漂亮褶襉的白色球形紙燈。除非你是受虐狂，享受在半夜昏昧起身，東嗑西絆弄傷手腳就為了替被單上漿、熨燙，壓整得齊平穩妥，我可不喜歡。

我會送洗亞麻布不是因為有很多人會來檢查我的被單和枕套，而是假如把亞麻布晾掛在公寓裡兩三天，我就沒辦法在克里斯多迷宮般的空間（Christo Vladimirov Javacheff，美國知名包裝藝術大師。作者是指吊掛家中的亞麻布像是包裹家具的藝術品，難以行動自如）

中自由走動。不過在巴黎，人們確實會觀察別人的穿著。我想到一位旅遊作家筆下的一則啟蒙故事，她因為工作關係去過許多奇特又陌生的國家，假如你也曾親自旅行這些國家就一定經歷過當地許多小販把你當作標靶，不斷向你推銷不感興趣的商品──珠寶、毛毯、皮夾克，和他們的姊妹（我記得「她還是處女喔！」就是一句沒啥用的推銷術語）。在異國偶遇那些頑強又麻煩的男人試圖製造一段異國戀，對大部分的女子來說一定不陌生。因此，作家決定每次旅行一定穿上當地服裝，那些蒼蠅立刻如同麻木的乞丐般停止動作，開始當她是當地人。

雖說巴黎人的打扮──某些褲子、襯衫、洋裝和夾克的組合──跟我們美國人的穿著風格相近，但近身觀察還是能夠發現細微的差異，對想瞭解進而融入巴黎的你很有幫助。

巴黎男人都穿細長、硬皮革底的鞋，除了八月，也都繫上令人看來精神抖擻的領帶。巴黎人不會只把領帶掛在脖子上就到處走，他們總是經過一連串複雜的步驟才打好一個美麗的領結，我想有些人還會找入門書參考。穿牛仔褲是常態，只是你看不見任何鬆垮的樣式或標榜「輕鬆」或「舒適剪裁」的品牌。不管布料材質如何，剪裁合身的褲子讓每個人的臀形好看到不行，我希望這樣的穿著永遠不會過時。

運動外套比務實的美國人偏好的，有栓扣、拉鍊和口袋的雙面刷毛夾克更普遍。喔，我要收回上面這句話，你的確會看見巴黎人穿上刷毛夾克，但袖子上一定要繡有「堅固耐用」和「輕便」的英文字貼片，外加一些隨性的航海標誌和反射望遠鏡，即便我們離海洋還有數小時之遠──而我還無法想像有比被塞納河可怕的水氣噴到皮膚上更教人驚慌的感受。

說到海，有則非常不幸的時尚醜聞以暴風之姿襲捲巴黎，那就是漁夫背心（Gilet de pêcheur = fisherman's vest）。沒錯，這正是美國人腦海中最後殘存的高中法文單字。巴黎人早已把這背心當作每日穿著，所以看見法國人穿上厚重耐磨、左右兩邊有雙層口袋和釦子的卡其背心，驕傲地在街上走動，背心上的帶子還左搖右晃的場景已不稀奇。

雖然是漁夫背心，你還是想穿得好看，所以若想穿這種背心，好看會是優先的考量。除非刻意，否則他們不穿扯破的牛仔褲；衣服上可以印上字體，但只能印在 T 恤背面或是讓字體斜跨過正面，最好是金色的字樣也不用迴避關於性的口號。有回，我在一家舒適又可愛的餐廳「Chez Michel」享用晚餐，正巧有位男士走進來，而他身上的 T 恤就寫著：「假如你不喜歡口交，就閉上你的嘴。」當時我真懷疑他知不知道這句英文的意思，再不然就是他走錯地方，也許這城市該給巴黎警官增加一條管制時尚的職責。

拉鍊並不侷限在鼠蹊部。肩膀、袖子、膝蓋、大腿、後腿還有整個背部，都是可接受甚至歡迎裝上拉鍊的區塊。我不清楚為何有人需要在胸前或肩膀上裝拉鍊，但我真的希望每個星期天下午那些在瑪黑區搔首弄姿的人群能特別注意拉拉鍊；我相信那身又緊又挺的衣服可沒有空間在腰部以上（或以下）穿上內衣。我不知道你會如何解釋被拉鍊卡住的肩胛骨，但若是硬要解釋拉鍊為何卡住身上某些地方，這實在有夠尷尬。

在腰包之前，最受美國人歡迎的贈品是運動鞋。只要看一眼我們腳底下的氣墊就能認出來自喬登（Air Jordans）的招呼；如今拜全球化之賜，你會發現巴黎人也穿著運動鞋在人行道，尤其是年輕世代

管它叫 les baskets（籃球鞋）。不同之處在於巴黎人穿籃球鞋叫有型，才不是因為舒服好穿。很好，盡量穿吧！不過前提是時髦、活潑，而且要貴。或者是紫色的。豎起大拇指的好準則就是能把到巴黎的機票錢花至少一半去買籃球鞋，你就能在巴黎穿上它們。

我的雙腳因為無法擠進巴黎男士偏愛的硬皮鞋，儘管我不常穿運動鞋，我還是盡量試著穿上。除了我之外，巴黎紳士就是能穿上皮鞋踩在又硬又滑的人行道，行動自如。結果，我那雙德國製，黑色、厚膠底的 Trippen 鞋讓我變成局外人，還注定招來白眼。或許是因為平滑的皮鞋底容易清理，而我那雙有凹凸條紋的鞋底一旦不留心踩過有狗屎的地雷區可就慘了。另一個壞處就是在春天快速經過市集時，我得停下腳步，撿根樹枝把卡在鞋底的櫻桃核剔除；否則當我的腳步答答作響，人們會抬起頭期待看到一位老練的職業舞者踢踏踩著舞步走向他們。

時下流行的穿著不只是運動鞋，你會留意到最近另有一項改變，那就是夏天穿短褲很酷。欸，等等！別急著把長褲丟掉。如果你計畫到百慕達群島探險，拜託你，那裡需要齊膝的百慕達褲！即使在巴黎，我們都要遵守橫渡大西洋共同訂定的品味協議，規定短褲的寬度不能大於長度。

（能夠豁免於這項規定的是位在巴黎第二及第三區之間，在布洛黛兒街（Rue Blondel）上討生活的大胸脯女子，她們的腰圍通常都超過褲子的長度，所以就算了。）

可以穿運動鞋，偶爾也可以穿短褲，但是千萬別連同腰包一起，還有千萬不要再增加一個超級大水壺，老天爺，我是寧願你渴死也不要你丟臉丟到家！

美味巴黎

VACHERIN A LA CANNELLE, GLACE EXPRESSO-CARAMEL, SAUCE CHOCOLAT, ET AMANDES PRALINEES

法修蘭下午茶特餐

：內含焦糖濃咖啡冰淇淋、巧克力醬與糖霜杏仁 （6人份）

在巴黎有一個組合到處受歡迎：那就是 Le vacherin（法修蘭甜冰品）。你絕不能錯過在酥脆的酥皮盤扣上一勺咖啡冰淇淋、溫巧克力醬和糖霜杏仁。

許多人誤解法國人不喜歡肉桂，有一次，我在示範烹飪，正要加入一大匙肉桂時，前排一位法國女士說：「為什麼美國人把這麼多肉桂加在每樣食物上？」這是真的，我們放肉桂好像肉桂不用錢，結果它變成食物主要的味道。所以，我開始減少用量，越來越欣賞它作為微妙、香料的角色，而非讓它喧賓奪主。

雖然我會提供咖啡冰淇淋的配方，但可以用任何中意的口味替代，或使用市面販售冰淇淋。

材料

常溫蛋白　2 顆量｜鹽　適量｜砂糖　75 克｜香草精　1/4 小匙｜肉桂粉　1/2 小匙｜咖啡焦糖冰淇淋（食譜見下）｜巧克力醬（食譜見下）｜糖霜杏仁（食譜見下）

美味巴黎

步驟

1. 烤箱預熱至攝氏 100 度。

2. 用電動攪拌器或打蛋器打發蛋白和鹽,從中速到高速,直到它們開始變濃稠,成形。打蛋時,一次只加入一大匙的糖,再加入香草和肉桂。完成後,當你拿起攪拌器時,蛋白應該呈現柔軟有光澤尖峰。

3. 平放一張烘焙紙,將打好的蛋白分六等分。用湯匙沾濕,在中心壓個凹痕,在你壓凹痕的時候,也稍微壓一下每個蛋白。

4. 放入烤箱中至少 1 小時,關閉烤箱後靜置 1 小時,讓酥皮自己變乾。(如果拿起,覺得已經乾透,可以提早取出。)從烤箱取出,讓它們完全冷卻。

盛盤:將一個蛋白酥皮放在淺湯碗中間。加上兩勺冰淇淋,淋上溫溫的巧克力醬,撒上杏仁片即可享用。

保存方式:烤過的蛋白酥皮儲存在密閉的容器裡,絕對可以保存超過一星期。

美味巴黎

焦糖濃咖啡冰淇淋 (3 杯份約 3/4 公升)

材料

糖　200 克｜鮮奶油　250 毫升｜全脂牛奶　375 毫升｜鹽　少許

蛋黃　6 顆量｜expresso 沖泡式濃縮咖啡　60 毫升（視口味增加）

步驟

1. 大碗裡加冰和水後，放進約可容納 2 公升碗，上面放一個濾網。

2. 把糖平鋪在中型的堅固金屬燉鍋，建議 4～6 公升大小。備好鮮奶油。將糖慢慢加熱，直到邊緣開始融化呈液狀。續煮，用耐熱鍋鏟攪拌，直到糖變為深褐色，並開始冒煙。

3. 糖剛開始散發甜味，快燒焦時；立刻倒入奶油，一邊攪拌。用小火加熱攪拌至糖融化。（不要擔心有硬塊，稍後會融掉。但不妨戴上烤箱手套，因為蒸汽相當燙。）

4. 加入牛奶和鹽，加熱至溫熱。

5. 在另一碗裡，攪拌蛋黃。慢慢將溫焦糖混進蛋黃汁，不停攪拌；再把溫蛋黃汁刮進燉鍋裡。

6. 以中火加熱，不斷攪拌蛋奶糊，攪拌時要刮底部，直到變得濃稠，可黏住湯匙。

7. 立刻將蛋奶糊於 1. 過篩，倒入放在冰浴裡的碗。經常攪拌，讓蛋奶糊冷卻。

8. 一旦冷卻，拌入濃縮咖啡，放入冰箱至少 4 小時或隔夜。

9. 在攪拌前，先試吃蛋奶凍，如果需要，可加入更多的濃咖啡。依製造商的產品說明指示，把它冰在冰淇淋機裡。

美味巴黎

巧克力醬 (250 毫升)

可用這個做法簡單的巧克力醬汁沾一堆肉桂粉，或一點蘭姆酒滿足味蕾。依選用的巧克力品牌不同，醬汁可能太濃稠；如果是這樣，拌入幾大匙牛奶，直到你期望的濃稠度。

材料

苦甜或半甜巧克力末　115 克 | 全脂或低脂牛奶　125 毫升 | 糖　1 大匙

步驟

把巧克力、牛奶和糖放入平底鍋，用最小火加熱。用打蛋器不斷攪拌，直到巧克力融化，醬汁呈光滑狀即可。

保存方式：用有蓋容器放在冰箱裡，可儲存達兩星期。使用前稍微加熱。

美味巴黎

糖霜杏仁

材料

杏仁　60 克｜糖　2 大匙｜杏仁片　40 克｜肉桂粉　1/8 小匙

步驟

1. 將糖鋪在厚底平底鍋，再撒上杏仁。

2. 以中火煮至糖開始融化。開始用耐熱鍋鏟或湯匙攪拌杏仁，直到杏仁開始
   酥脆，糖開始變成焦糖狀。

3. 撒上肉桂粉，翻炒幾次，起鍋冷卻。

4. 一旦冷卻後，剝成小片。

保存方式：存放在密封的容器中備用。糖霜杏仁可以提前一星期製作。

水啊水！
看得到卻喝不得

假如你曾近距離凝視巴黎塞納河微鹹的河水，也許你就不渴了。原來巴黎大部分的飲用水都來自這裡呀，噁！

過去數年來巴黎市府大力鼓吹市民減少對環境有害的塑膠瓶，回歸使用水龍頭。他們說，水龍頭的水不僅能安全飲用而且水質中富含高單位鈣有助預防骨質疏鬆，不過他們掩蓋了一項事實，大量粉碎的石灰質會刮傷玻璃酒杯並堵塞蓮蓬頭。在巴黎，擁有美麗的玻璃杯如同擁有美好心情。鈣質使得經常洗澡的我們（不像我那住在走廊盡頭的鄰居顯然認為洗澡並不重要），必須在洗衣機裡摻一些對環境有害的去鈣產品，好讓浴巾保持柔軟不會刮去好幾層皮。

瓶裝水品牌「水晶（Christaline）」打出一則聳動的廣告；在抽水馬桶的畫面上畫著紅色大大的叉，其字幕秀著「我不喝我使用的水（Je ne bois pas l'eau que j'utilise）」。這則廣告被競爭對手用來反對那位具有環保精神，極力宣導停止使用塑膠的市長貝特朗・德拉諾埃（Bertrand Delanoë）的競選策略。

為了鼓勵市民使用龍頭水（L'eau du robinet），市府高調舉辦精采的宣傳活動並在市政廳分發三萬支時尚又雅緻的玻璃水瓶，其設計可是由法國最夯的設計師操刀，瓶身被燒出濃淡不一的藍色字體「巴黎之泉（EAU DE PARIS）」。雖然因此獲得大肆報導，但除了在法國網站「eBay.fr」，四處倒是都看不見這樣的水瓶。

巴黎與周身環繞和流經之水的關係永遠緊密，因為巴黎或其舊稱露特西亞（Lutetia）就是在被塞納河包圍的小島上誕生，也恰好證明船何以是象徵巴黎的圖騰。隨著城市不斷擴大，巴黎呈螺旋式向外發展而流水也不斷形塑整個城市；時髦的瑪黑區（Marais）之名指涉出過去曾是骯髒沼澤的歷史，而儘管沒有著名的〈歌劇魅影〉所

敘述的深湖，如今的加尼葉歌劇院（Opéra Garnier）地底仍流著一窪水坑。

身處在水的環境中，你以為要得到一杯水很容易，事實是能喝上一口都費力。不像號稱「美國的巴黎」的底特律市民，每天都喝上八杯 250cc 的水，巴黎人絕對不會牛飲滿滿一杯或一大瓶水而發出咕嚕咕嚕聲。餐廳或咖啡館所提供的飲水是限量裝在小小玻璃杯裡，水量一定要在精準測量、控管之下被喝完。假如你受邀到私人家中共進晚餐，即使這戶人家有水也一定要在用餐最後才提供。

我曾參加一次晚餐聚會，女主人把水瓶置放在隱匿的桌腳下，整場餐聚的過程都用腳守著。用餐到一半，我乾渴得實在受不了只好用僅存的一點點口水抿濕雙唇，然後提出一口水的要求。她不情願地伸手提起水瓶，在我的水杯裡倒出細細涓流直到剛剛好的分量便立即收回、旋上瓶蓋，再找地方藏妥。

法國人對玻璃杯有個審美標準，不論是用來喝酒或喝水，體積小的杯子所容納的飲料從來不超出容量的一半。不是吝嗇給酒，只是小巧的玻璃杯被擺在桌上比較好看。所以體積大就是不美，這種法國人用來辯護所有文化怪僻的自白真是令人難以理解。但我同意這樣的標準，畢竟你要變醜就別待在巴黎。你也不想因為他人的喝水問題而搞砸一切，對吧？

§

在法國，水的品牌可謂琳瑯滿目；在咖啡館或餐廳裡只是說：「我要一杯水。」就好像是走進星巴克說：「我要一杯咖啡。」或像對同時上映多部電影的影城售票員說：「我要一張電影票。」於是點

杯水就變得複雜，是一種麻煩。在網路搜尋一下就能發現法國共有214種瓶裝水品牌，人口是法國五倍多的美國卻只有179種。

點之前，你得決定要瓶裝水還是自來水。如果是瓶裝水，那你要含氣泡或是不含氣泡？是聖沛黎洛（San Pellegrino）或是沛綠雅（Perrier）？是夏特丹（Châteldon）還是薩勒韋塔（Salvetat）？是波多（Badoit）或依雲（Evian）？選波多的話，是要綠瓶裝還是高氣泡的紅瓶裝？另外，還有富維克（Volvic）、維奇（Vichy），和法維多（Vittel）可選擇。等等，還有半瓶或大瓶要決定呢！

你要是沒說清楚，當心服務生會給你最大瓶又最貴的水，因為沒有店員會有耐心、操著外語陪你玩這二十個問題，所以你罪有應得。若是你口渴難耐，那麼花錢買瓶水吧，因為點一杯自來水得向服務生求個兩、三次才能要得到。對他們而言，似乎記下所有要錢的瓶裝水不難，而玻璃瓶裝的、免錢的自來水卻容易忘記。

終於那走在街上，已然乾渴的味覺找到了慰藉；法律明文規定，除非店家公告「本店不提供自來水」，否則法國所有咖啡館必須滿足客人要求提供一杯自來水。我還沒有足夠的勇氣去探問店家是否屬實，但我希望當有其他緊急需求發生時，相類似的法令也能通過。

§

找水喝的相對面就是找地方方便，但如果你在外面到處走動就知道這幾乎是不可能，所以也就不難理解為何從一開始法國人就不喝水的理由囉。

儘管法律（La loi）的確讓你有權（Le droit）要求咖啡館提供水，

卻無明定你能要求店家提供地方解決尿急。咖啡館向來不通人情，他們不會應許你無償使用那常是破舊的廁所，除非你是孕婦，或者你能撐起肚子，假裝溫柔地撫摸它讓店家相信你可能是孕婦。一想到要塞進好多馬卡龍（Macarons）和巧克力麵包（Pains au chocolat），我或許能止住尿意。反倒是你們如果想使用化妝室就得先點喝的，這模式對咖啡店主人有效，但對於其他店家的老顧客卻是成效不彰。

我常到聖‧安東尼區街上當地一家髒兮兮的菸草店購買地鐵周票。有一天，我走到店家後面想緩和交易帶來的緊張；我以為這不是問題，畢竟我是個可靠、不賒帳的客人。

當我的手伸向門把，老闆竟大聲叫囂，其聲音漫過整室（聲音之大嚇得所有老客人停下手邊的事，轉身張望），他吼著警告我先點喝的否則禁止進入那間房。怕我聽不懂，他還比著手勢，張開大拇指和小指在嘴邊前後搖晃假裝是喝東西的動作，藉此強化他在言語上的警惕。

我是懂了也差點回敬他我的中指，從此絕對不再到他店裡買地鐵票。

然而，這位菸草店老闆並非特例。因為巴黎人自身沒有相似經驗，當然也無法感同身受對亟需方便之人抱以同情。我曾和我的夥伴羅曼相處八至九個小時，他一次也沒離開去上廁所，我想他們都知道最好別喝水。

當人們真的有需要，他們只要在「美麗法國」（la Belle France）的街角停下來休息一下就好了。假如你曾在旅遊指南上發現這些街角

都有被半圓型鐵條保護的歷史遺跡且都具有歷史重要性，那麼現在你會明白：人們不該在歷史上撒尿。

這個日益嚴重的問題使得巴黎有關當局想出抗尿之牆（le mur anti-pipi），就是為了「弄濕供水者（water the waterer）」而設計出的一座傾斜牆面，它會改變尿路方向濺濕冒犯者的褲子。現在，抗尿之牆原型正在飽受尿液之苦的小馬廄胡同（Cour des Petites-Ecuries）上接受測試。（別問我他們如何想出這個方法，我可不想知道。）

也許你還記得，過去有市府核准的露天公共便池（pissotières）供路人在戶外（en plein air）解決生理問題。不過巴黎從九〇年代初開始在市區內各個景點，將臭氣薰人卻非常便利的（對我們來說）戶外便池替換成能自動清洗，標示「Sanisettes」標誌的公廁。如果你念舊，到阿拉貢（Boulevard Arago）路口觀看那最後一座仍存留原汁原味的公共便池吧。

除了我認識的所有女性都拒絕使用外，有些人還蠻認同「Sanisettes」公廁提供女性平等使用街頭的機會。這些公廁也大都聚集在觀光區，而非我們一般人最需要的地方。不管在哪，似乎愈是著急愈是可能發現那個發著微光的按鈕正不幸亮著「此處暫停服務（Hors Service）」。

為什麼法國人就是不需要上公廁呢？我從羅曼他媽身上試著找答案，她和四個小孩同住在一層有四間臥房、卻只有一間廁所的公寓。也就是說有六個人，包括夫妻倆，二十年來共用一間廁所。

我驚呼：「不可能（C'est pas possible）！」對於我的質疑，她只是聳聳肩然後說：「這從來都不是問題！」我想他們從一開始就這樣

教育孩子是對的，換成是我，和父母、三個兄弟及一位同居的保母一塊共用一間浴室，也許我也會被訓練得比現在更好。

儘管我們認為法國廁所少得可笑，有時也挺折磨人，法國人倒認為我們拉著客人，彷彿旅行團般參觀自己的家，包括臥房和浴室才奇怪（très bizarre）。仔細想想，我們邀請外人來看看自己私密的生活空間不是有些怪異嗎？

當你到訪法國人家裡，他們總是謹慎保守這些禁地，絕對不說：「來，參觀一下！」好處是你不用聽別人炫耀他們的瓦斯爐，或是要價六千八百歐元、最先進的藏酒冰箱，裡頭還冰著加州夏多內白酒。或許我是出於妒忌，畢竟我家廚房只有半罐糖漿和幾包洋蔥湯粉，沒什麼好誇耀的。

雖然當友人來訪，不用鋪床也不須刷洗馬桶確實是好事，只是苦了我幾位來訪的美國朋友被廁所搞得有些神經質。我承認當我拜訪朋友，即便明白 WC 被視為禁區，但如果我沒事先在就近的建築（室內或室外）稍做停留，偶爾還是必須徵求朋友同意再使用他家廁所，這是我認為最不尷尬的方式。

美味巴黎

MOLE AU CHOCOLAT
巧克力混醬（1 公升份）

除了對水的無限嚮往，美國人和法國人的文化差異之一，就是美國人對墨西哥食物的熱愛。正宗的墨西哥食品在這裡完全找不到。因此，和許多美國人一樣，我從美國挑著乾辣椒、辣椒醬、玉米餅回來。然後，精心製作墨西哥餐，希望讓我的巴黎朋友驚艷。

你怎麼能不愛混醬類的食物呢？這是我的版本，我每次做都大受歡迎。巴黎人似乎喜歡每一樣有巧克力的食物，和美國人一模一樣。

對於任何那些以為「如果不煮個十小時就不是混醬」的人，請讓我休息一下，因為有些食材在巴黎實在找不到。我盡量用手邊的材料做到最好。正因如此，這個配方比正常的配方少了六十七種材料，而且需要一些時間才能找齊。不過，它的味道就像原味一樣。所以，如果你是混醬警察，請收起你的手銬。

材料

安可辣椒或墨西哥波布拉諾辣椒　10 顆｜葡萄乾　120 克｜無糖巧克力末　85 克｜水或雞湯　310 毫升｜菜籽油　1 大匙｜洋蔥末　1 顆量｜大蒜片　3 瓣量｜芝麻　35 克｜烤過的杏仁片　60 克｜肉桂粉　1/2 小匙｜丁香粉　1/2 小匙｜俄力岡葉　1/2 小匙｜茴香　1/2 小匙｜磨碎的芫荽種子　1/2 小匙｜大茴香　1/2 小匙｜粗鹽　1 1/2 小匙｜現磨黑胡椒｜辣椒粉　1/2 ～ 1 小匙，可擇用｜番茄　3 顆（去皮，去籽，切碎，可見大廚的私房筆記）或罐頭番茄汁　375 毫升

美味巴黎

步驟

1. 取出辣椒裡的梗。沿縱長切半，刮出大部分的籽。把辣椒放入鍋中，加水，其上放一個小盤，讓辣椒泡在水裡，小火煮 10 分鐘或到變軟。離火，靜置待冷卻。

2. 將葡萄乾和巧克力放在攪拌機裡攪拌後，加熱水，倒入混合物中靜置幾分鐘，讓巧克力軟化。

3. 在不沾鍋裡放一些油，爆香洋蔥直到變軟、半透明。加入大蒜煮幾分鐘，攪拌。

4. 將辣椒水瀝乾，和蔥、大蒜、芝麻、杏仁、番茄、所有香料、鹽，和一些胡椒一起放進攪拌機。攪碎直到均勻無結塊。酌量加入一些鹽和辣椒粉。

保存方式：混醬可蓋起冷藏長達五天，也可放在冷凍袋裡冷凍達三個月。因分量較多，建議將製作完成的醬料分一半冷凍保存。

大廚私房筆記

為方便去除新鮮番茄的果皮和籽，可在底部切 X 型，放入滾水約 15 秒。瀝乾後，淋上冷水，不須再烹煮。將皮撥開，橫向切開，輕輕擠壓去籽即可。

美味巴黎

MOLE AU POULET

混醬雞肉 (4～6人份)

很遺憾地，完整一支的玉米——不是那些放在凱撒沙拉或披薩上的罐裝玉米粒——在巴黎相當稀少。對我來說，少了它，就不是夏天；我為法國朋友準備混醬雞肉時，會配上剛刮下的玉米，這肯定會讓他們覺得詫異。他們會驚訝新鮮玉米粒比綠巨人，這另一位被允許居住在法國的美國人，更加倍美味。

「炒」（sauté），在法文裡來自「跳」（sauter）這個動詞，指的是在平底鍋翻炒的動作。除了一小塊奶油和切碎的香菜，加一些頂頂大名的巴斯克辣椒粉，會讓玉米增色不少。

材料

全雞　1隻（切8塊，或4支小腿和大腿）
粗鹽　1大匙｜月桂葉　2片｜巧克力混醬　500毫升（第74頁）｜烤芝麻　適量

步驟

1.　雞肉放進大鍋，加水。加入鹽巴和月桂葉，蓋上鍋蓋，煮至沸騰；轉小火，再煮20分鐘。關火後，燜20分鐘。

2.　拿出雞肉放在大盤上，留下煮雞的湯汁。降溫後剝去雞皮。

3. 當雞肉冷卻時，預熱烤箱至攝氏 180 度。

4. 把所有雞肉排在烤盤上，盡量排得緊密些。

5. 在混醬裡加一些剛才煮雞的湯汁。125 毫升剛剛好，但依據混醬分量，可能需要調整。混醬的濃度最好是和鬆軟的巧克力布丁一樣。如果要和飯一起吃，煮飯時以煮雞的湯汁代替水，增添美味。

6. 用湯匙將混醬淋在雞肉上，烤 30 ～ 40 分鐘，直到雞肉熱透。

7. 撒上芝麻，即可上菜。

美味巴黎

PALETTE DE PORC CARAMELISEE
墨西哥燉肉 (8 人份)

我第一次在巴黎一間美墨餐廳用餐,我掃視菜單,興奮地發現菜單上有捲餅。想起我們在舊金山狼吞虎嚥吃成的「鮪魚肚」,我問服務員,捲餅很大嗎?「哦,是的,非常巨大!」她一邊回答,一邊睜大眼睛,強調它的周長,彷彿一輩子沒見這麼巨大的東西。「太好了!」我想。

當她端上我的捲餅,在一個超大盤子的中央,放著一小塊食物,差不多只有葡萄酒軟木塞的大小。我可以吃掉六個。由於墨西哥菜在巴黎並未被好好呈現,我想向朋友展現它有多好吃,而墨西哥燉肉就是絕佳代表,因為不管你來自何處:誰不愛焦糖豬肉?

材料

去骨豬肩胛肉 2 ～ 2.5 公斤（切成 13 公分大塊,去掉多餘脂肪）
粗海鹽 1 大匙 | 植物油 2 大匙 | 水 適量 | 肉桂棒 1 支 | 辣椒粉（最好是安可辣椒） 1 小匙 | 月桂葉 2 片 | 小茴香 1/4 小匙 | 蒜片 3 瓣量

步驟

1. 豬肉醃鹽。

2. 烤箱預熱至攝氏 175 度。

3. 把烤盤放在爐火上熱油。鋪上一層豬肉片，一面煎至焦黃再翻面。如果烤盤太小，可分兩批。

4. 將所有豬肉煎到焦黃後取出，並用紙巾擦拭多餘的油。倒入約一杯水，用鍋鏟清理鍋子。

5. 豬肉放回鍋裡，加水至三分之二。加入肉桂棒，並拌入辣椒粉、月桂葉、小茴香和蒜片。

6. 燜煮 3.5 小時，僅需翻動數次，直到大部分的醬汁蒸發，豬肉化開後取出豬肉放涼。

7. 等豬肉稍冷，將它切成一口大小（約 7 公分）。

8. 把豬肉放回烤箱烤，直到豬肉香脆焦甜。確切的時間長短取決於你喜歡豬肉香脆的程度。約需至少 1 小時以上。

盛盤：理想上，墨西哥燉肉應該和一疊溫溫的玉米餅、莎莎醬、燉豆、酪梨醬和其他墨西哥配菜一起享用，讓客人可以做出自己的玉米餅。如果我的玉米餅吃完，我就配飯吃。

保存方式：墨西哥燉肉可以提前三天做好，存放於冰箱。食用時以低溫在烤箱加熱。

變化方式：如果你想做豬肉混醬，可於步驟 7，將肉切小，拌進一半的混醬（第 74 頁），加入豬肉汁。之後在烤箱中烤 30 分鐘，翻動豬肉一次或兩次。

我的
成功之鑰

如果你有好一陣子沒到巴黎，可得注意！過去幾年，巴黎的銀行如雨後春筍般一家家開。每當有公司結束營業，特別是在精華地段的公司，隔天一早就有一群建築工人進駐大肆破壞內部裝潢；沒多久，一間間法國工商銀行（Soeiété Générale）、里昂信貸（Crédit Lyonnais）、法國巴黎銀行（BNP Paribas）就敞開金光閃閃的雙扇大門做起生意！

法國的銀行擁有極大影響力，如果你居住在此，銀行所發行的帳戶證明跟政府所發的身分證同等重要，一樣也不能少。「銀行帳戶證明（RIB, relevé d'identité bancaire）」是一張由銀行核發、輕薄短小面積不到二十平方公分的方形字條，上面密密麻麻的都是數字正式向大家證明你已經到銀行開戶。換句話說，你就是有能力享有瓦斯、電力，和電話服務的人。

有了電力帳單就能申請 VISA 卡，
所以沒有電力帳單就沒有 VISA 卡，
除非你有 RIB，否則你無法享有電力，
但是沒有 VISA 就不能開戶，也就沒有 RIB，
總結是，沒有電力帳單就是沒有 VISA。

我在法國所遇見的所有矛盾中，就屬這件事困擾我好幾個禮拜簡直快瘋了。我的噩夢是從收集居留證（Carte de Séjour）所需之文件開始，申請這張長期簽證必須附上居住證明。（這又是矛盾之處：為了拿到能居住在此的簽證，你必須證明自己早就住在這裡。）所以，我就得到銀行開戶！因為沒有 VISA，不但所有銀行都拒絕幫我開戶，甚至連運作與銀行相似卻相對寬容的郵局也拒絕我存錢在那裡。

有些事美國人無法理解；在法國，凡坐在辦公桌或櫃檯後面的人就是有不可剝奪的權利對他或通常是她提出的任何理由說「不！」不像在美國，每個人都被教導說「是！」，這句被法國人視為等同更多工作的回答。假如更多的工作在你聽來就跟他們一樣意謂求助，那麼你便開始對這裡的邏輯多些理解。

不想等著被驅逐出境，我決定放手一搏，在一位頗有錢的朋友引薦和陪同下，我們來到一位銀行家在歌劇院廣場開設的分行。那位銀行家很高興地收下我帶來的一盒「巧克力之家（La Maison du Chocolat）」，告訴我要再回到我住處附近的分行。（巴黎市區呈螺旋狀的好處之一就是，再回到起點非常容易。）

回到巴士底區，我又花了兩星期和許多家銀行周旋，西裝筆挺帶著厚重資料前去的結果卻只是被冷漠的分行經理駁回，一次次地被他們的分行有計畫地趕走。眼看再過幾天就要審理簽證，在歷經多次令人身心俱疲的拒絕之後，我開始慌亂到眼眶泛淚。

突然靈光乍現，其實我擁有大多數法國女人難以抗拒的法寶！

於是在未預約的情況下，我自信地走向住家附近第一次也是最後一次光顧的銀行。邁開大步跨過兩道雄偉大門，領帶勒得我快要窒息，他們竟是要我再等等。

終於叫到我的名字，我被請到一間辦公室，裡頭坐著一名頭髮整齊的巴黎女人，她跟其他人一樣對我或我那疊厚重的資料完全不感興趣。我穩穩不動地坐著，身體不敢有半點鬆動也不敢多話，望著她瀏覽我精心整理的檔案，每一頁都是一眼帶過，我才知道我的準備是多餘的。完畢後她嘆口氣，眉頭深鎖望著我，正當她準備開口說

話的時候我主動制止她，這次輪到我了。

我將手伸進袋裡拿出裡頭的東西：我的第一本作品，裡頭滿是甜點的食譜，特別還附上全彩照片。我將食譜隔桌遞給她並向她解釋我的職業。

你可能以為我會告訴她強尼戴普甩了凡妮莎・帕拉迪絲，正在過來的路上準備接她遠離沉悶的工作，並在蔚藍海岸的遊艇上享受炎夏。在翻閱食譜同時，一抹驚色出現在她的臉上，讚嘆那細緻、柔滑的馬郁蘭蛋糕（gâteau marjolaine），那一層層的巧克力甘納許（ganache）和堅果果醬；雙手撫摸書中的圖片，對裹著楓糖洋梨的奶油瑞士捲及流著大片熔岩巧克力的舒芙蕾發出歡愉的嘆息。

她是如此狂喜得把同事都喚來，紛紛聚集在她的辦公桌周圍好似一組合唱團，「哇喔！先生。（Oh la la, monsieur！）」驚叫聲隨著翻頁一次勝過一次。（寫那本書的時候，我還為那些所費不貲的照片心疼，現在我能肯定這錢花得真值。）

騷動過後，女職員再度回到各自的辦公桌，而她則轉向電腦鍵盤猶自興奮地從椅子上彈跳起來，看著我說：「先生，您住哪？（Quelle est votre adresse, monsieur？）」

當那纖纖玉指落在鍵盤上不斷敲打的一刻，我明白這是我在法國的第一場勝仗，這跟我的財務健全與否無關，反而是我的廚藝替我贏得榮耀。至此，我已經找到成功之鑰，而我的未來會是更美好的榮景。

美味巴黎

MOUSSE AU CHOCOLAT I
巧克力慕斯（4～6人份）

有些人認為巧克力慕斯很花俏，其實，這是非常典型的法式家常甜點。這個食譜是瑪麗恩‧勒維為我量身設計，她住在瑪黑區但冬天老愛去梅立貝爾（Méribel）滑雪。有天晚上，我們剛滑雪回來，她做了這個極簡單的巧克力慕斯，我想若再加上一點查特酒（Chartreuse）會更美味，它有點像是滑雪後在小屋裡品嘗的 Chocolat vert（綠巧克力，在熱巧克力裡加一點當地草本的利口酒），滑完雪喝上一杯，真是溫暖暢快。

當我在家製作好，拿一些給我在巴黎的鄰居，根據我對法國人的瞭解先警告他們裡面有沒煮過的生雞蛋。他們先面面相覷，然後一臉困惑望著我，問：「不然呢？你要怎麼做巧克力慕斯？」

材料

苦甜參半或半甜巧克力末　200 克｜水　45 毫升｜查特酒（或其他喜歡的利口酒）　30 毫升｜常溫雞蛋　4 顆量（蛋白蛋黃分離）｜粗鹽　少許

步驟

1. 以水和查特酒融化巧克力，記得用隔水加熱，溫度不須太高。當巧克力幾乎完全融化時離火，輕輕攪拌直到均勻融化。

2. 在碗裡打入蛋白與鹽（請確認碗裡沒有任何水分），直到拿起打蛋器時，形成有稜角的尖頂。

3. 將蛋黃拌入巧克力，倒入三分之一的蛋白到巧克力裡。

4. 將剩餘的蛋白倒入巧克力，攪拌均勻。用保鮮膜密封碗蓋後冷藏至少 3 小時。（你也可以在冷藏前把蛋奶分成幾個慕斯杯、布丁杯，或高腳杯。）

盛盤：雖然可以把鮮奶油和巧克力慕斯一起吃，但我喜歡直接吃。對我來說，巧克力慕斯最好是放在碗裡端出，與朋友和家人歡樂共享。你也可以冷凍後再吃，先將湯匙或冰淇淋勺放進熱水裡燙一下比較好舀。

保存方式：巧克力慕斯可以保存在冰箱長達五天。冷凍可放一個月。

變化方式：可以使用別種喜愛的酒，如香橙干邑甜酒（Grand Marnier），蘭姆酒，或雅馬邑白蘭地（Armagnac），或者完全不用酒，以咖啡或水取代查特酒。

MUSSE AU CHOCOLAT II
巧克力慕斯　II（4～6 人份）

不敢吃生雞蛋的人，這裡有一個替代的巧克力慕斯食譜。和前一個食譜一樣，可以把查特酒換成其他酒或咖啡。

材料

苦甜參半或半甜巧克力末　225 克 ｜ 切小塊奶油　60 克 ｜ 查特酒　45 毫升 ｜ 水　60 毫升 ｜ 鮮奶油　180 毫升

步驟

1.　以水和查特酒融化巧克力，記得隔水加熱，溫度不須太高。當巧克力幾乎完全融化時離火，輕輕攪拌直到均勻融化。

2.　在另一個碗裡，在碗裡打入蛋白與鹽（請確認碗裡沒有任何水分），直到拿起打蛋器時，形成有稜角的尖頂。

3.　將三分之一的鮮奶油倒進巧克力攪拌，陸續加入剩餘鮮奶油，攪拌均勻。用保鮮膜封住後冷藏至少 3 小時。（保存方式與盛盤注意事項同前）

美味巴黎

CHOUQUETTES AUX PEPITES DE CHOCOLAT
巧克力泡芙 （約 25 個）

每當某天諸事不順，我的解藥就是請自己吃一小袋法式小泡芙（Chouquette），這在麵包店都是包裝在小紙袋裡。每袋十顆泡芙似乎是神奇的數字，因為這正是讓我心情轉好所需數量。

當我停在巴黎第十區的 Aux Péchés Normands 麵包店，我發現他們的小泡芙裡摻了巧克力片，所以我現在自己在家做時也會放一把。自己做泡芙唯一的問題是，我沒辦法只做十個，而且總是會把整個烤盤的泡芙吃光。

珍珠糖是小泡芙的致命吸引力。一顆顆形狀不一的糖晶有著美味口感，老少咸宜，小孩和爸爸媽媽一起逛麵包店時，麵包師傅通常會送他們一顆泡芙，作為他們乖乖吃晚餐麵包的獎勵。

要捏出麵團的形狀，最簡單的方法是使用有彈簧的冰淇淋勺，雖然你也可以利用兩個湯匙，或者是擠花袋。

材料

水　250 毫升｜粗鹽　1/2 小匙｜糖　2 小匙｜切小塊無鹽奶油　90 克｜麵粉　135 克｜常溫雞蛋　4 顆｜半甜巧克力脆片　85 克｜珍珠糖　60 克（見大廚的私房筆記）

美味巴黎

步驟

1. 將烤架放在烤箱上面三分之一的位置，烤箱預熱到攝氏 220 度，鋪上烘焙紙或錫箔紙。

2. 在鍋裡加熱、攪拌鹽巴、糖、奶油和水，直到奶油融化，水開始沸騰。從火上移開，並倒入全部的麵粉。迅速攪拌，直到混合均勻後取出。

3. 讓麵團冷卻 2 分鐘，偶爾攪拌讓熱氣散出；接著打入雞蛋，一次一個，直到呈糊狀，平滑有光澤。靜置至完全冷卻至常溫，拌入巧克力片。

4. 將麵團以每小團 2 湯匙大小放在烘盤上，間隔均勻。

5. 把珍珠糖晶體隨意壓進麵團的頂面和側邊。盡量使用多點糖，確實按壓；一旦泡芙膨漲，你會感謝這些額外的功夫（和糖）。

6. 烤 35 分鐘，或等到泡芙漲起呈焦黃。剛出爐或常溫皆可食用。

保存方式：法式小泡芙最好在當天食用。放涼後也可以用夾鍊保鮮袋封好放進冷凍庫，保存一個月。食用前常溫解凍，用中火放進烤箱烤，直到酥脆。

大廚私房筆記

珍珠糖是顆粒大、白色、不規則形狀的大塊糖（約如豌豆大小），有些 Ikea 可以找得到。有些烘焙材料行也看得到，也可以用你能找到適合的糖晶體替代。

口是
心非

當巴黎人說：「不。」也就是說：「給我一個理由吧！」

當他們說：「我們不接受退貨。」就是說：「我不想退給你！」

當他們說：「這沒壞啊。」就是說：「你找給我看，壞在哪？」

當他們說：「你得出示證明。」就是等於：「證明給我看！」

當他們說：「我們餐廳沒位置囉。」就是說：「我們不想讓你進來！」

當他們說：「我們餐廳客滿囉。」其實是想說：「我們有太多美國人了！」

當他們說：「介意我抽菸嗎？」其實是想說：「如果可以的話，你介意我噘嘴、板著臉，抽它個五分鐘嗎？」

當他們說：「我們沒有。」其實是想說：「有，但不給你！」

當他們在街上一語不發，朝你走來，就是想表示：「我是巴黎人，而你不是！」

當他們說：「我們沒有零錢可找。」其實代表：「我要小費！」

當他們說：「你需要說明嗎？」其實是想告訴你：「給我五分鐘，我告訴你該怎麼做！」

當他們說：「我想練習說英文。」就是想說：「接下來的二十分鐘裡，我會讓你聽我操著流利的英文，感覺自己像個笨蛋！」

當他們說：「他們已經上去七樓了。」其實是：「他們就在我們附

近！」

當他們說：「沒有囉。」其實是：「還很多，但是東西在後面，我不想去拿而已！」

當他們說：「不是我的錯。」就是說：「是我的錯，但我不接受指正！」

當他們說：「不可能。」就表示：「對你就不可能！」

當他們說：「我是社會主義者。」其實就是：「雖然是我養的狗，但是撿狗大便可不是我的責任！」

當他們說：「你的包裹還沒到。」意謂著：「我快休息了，你星期一再來排隊，等上四十分鐘吧！」

當他們說：「脂肪是最好的！」意謂著：「我還不到四十公斤！」

當他們說：「法國的起司是世上最好的。」其實就是說：「我們是非常有文化的！」

當他們說：「美國文化，真是夠了。」就是在說：「請別再讓我看到莎朗史東的陰道！」

美味巴黎

GATEAU A L'ABSINTHE
苦艾酒蛋糕（9吋長型蛋糕）

如果你是食譜作家，沒有比法國人更好的味覺測試器。當我第一次做這個蛋糕時，我把它拿給路克·聖地牙哥·羅迪戈茲試吃，他在瑪黑區開一家只賣苦艾酒的小店，店名是 Le Vert d'Absinthe。這必然是全巴黎最不尋常的商店之一，也許也是全世界最不尋常的商店之一。

他對苦艾酒很執著，第二天我在 E-mail 信箱看到他留了一則訊息說：我用在蛋糕裡的苦艾酒不是最好的，我應該試試另一種他賣的苦艾酒。如果你到巴黎，可以到他的店看看；有一瓶草地綠的 Duplais 就是他推薦的，的確恰到好處。（當我告訴他我要建議手邊沒有苦艾酒的讀者使用別種茴香開味酒，他氣得怒髮衝冠。所以，如果你去，千萬別告訴他。）

我喜歡這個蛋糕裡有開心果麵粉（pistachio flour），也被稱為開心果粉；這會讓蛋糕帶一點可愛的綠色，很像是 la fée verte（綠精靈）的顏色，有人誤以為是用太多苦艾酒的結果。可以用杏仁粉或玉米粉替代。

材料

【蛋糕】

大茴香　3/4 小匙｜多用途麵粉　175 克｜開心果粉或杏仁粉　55 克，或玉米粉　70 克｜泡打粉（無鋁較佳）　2 小匙｜鹽　1/4 小匙｜常溫無鹽奶油　120 克｜糖　200 克｜常溫雞蛋　2 顆｜全脂牛奶　60 毫升｜苦艾酒　60 毫升｜柳丁皮末　1 顆量

美味巴黎

【苦艾酒糖漿】

糖　45克｜苦艾酒　60毫升

步驟

1. 烤箱預熱至攝氏 175 度。準備一個 9 吋吐司烤模，內緣塗上一層奶油，底部鋪上烘焙紙。

2. 磨碎大茴香。將白麵粉、泡打粉、鹽巴、茴香與開心果粉（杏仁粉或玉米粉）一起攪拌。靜置一旁。

3. 用電動攪拌器或用手，在碗裡加入奶油和糖打發。一次加入一顆雞蛋，直至完全融合。

4. 混合柳丁皮與牛奶和苦艾酒。

5. 將一半的乾料拌入奶油混合物，再加入牛奶和苦艾酒。

6. 用手拌入另一半的乾料，直到剛好均勻（不要過度攪拌）。將麵糊倒入備好的烤模並抹平，烤 45～50 分鐘，直到牙籤插入中心抽出來時不沾黏。

7. 將蛋糕從烤箱取出，放涼 30 分鐘。

8. 要在蛋糕上加入苦艾酒，用牙籤在蛋糕上戳 50 個洞。在一個小碗裡，輕輕攪拌糖和苦艾酒，直到混合，確定糖沒有溶出。（如果喜歡，這時也可以加一點柳丁皮。）

9. 取出蛋糕，剝開烘焙紙，把蛋糕放在烤盤裡，放在冷卻的烤架上。

10.　在蛋糕頂部和兩側塗上苦艾酒糖漿，直到全部的糖漿用罄。

　　如果你想要去巴黎某處淺嘗苦艾酒，你可以選擇 Hôtel Royal Fromentin，它位在蒙馬特聖心大教堂（Sacré Coeur）附近，不少藝術家在被取締前，會來這裡喝幾滴便宜的酒。如果想找比較不尋常的東西，試試 Cantada II，一個菜單裡有苦艾酒的哥德式酒吧。但千萬記得我警告你：請跳過 Cuisine médiévale（中世紀美食）──只要一口，你就會明白為什麼中世紀的人都活不久。

排隊
是他家的事

在巴黎，插隊只有兩個理由：
你年老、體衰，或者身體有殘疾，無法長時間站立。
你不認為自己應該、必須在別人的背後排隊、等待。

美國人除了在服務導向的狀況下會自動排隊外，最可愛的一點就是會自我解嘲。深夜脫口秀主持人會搬出時事、名人、政治家和一般美國文化等來娛樂大眾，幾乎總能博得滿堂彩，而我倒滿想念這樣的社會現象。

法國人也會發揮幽默感來解釋莎朗史東主演的電影為何受到歡迎，但對於局外人的批判則是有那麼一點的敏感。對於辯論的藝術，他們可是箇中老手，不過偶爾卡住了就難免會說出莫名又不合邏輯的話。例如，吸二手菸的風險是一種迷思，或者剪去四季豆頂端可以消滅輻射物質——讓人無以置喙。好幾次我跟當地人就他們法國同胞的行為有激烈的爭論，唯有路上的狗屎和插隊這兩件事能叫他們閉嘴。

我無所謂狗屎這事，但我一直想瞭解為何法國人那麼愛插隊。他們告訴我：「因為我們是拉丁民族啊。」然而我發現，除了偶爾遇見老闆在牆角小便之外，拉丁文化在各方面對巴黎人的日常生活影響非常少。如果這裡連正確尺寸的墨西哥捲餅都沒有，他們怎麼會是拉丁人呢？

巴黎人總是很匆忙，排隊就是執意要排在你前面，要是落在你後面會特別抓狂；不過換成你排在他們後面就另當別論，尤其是輪到他們的時候，一下時間又是多得很。

在巴黎，插隊異常猖獗，多到有一個法文字專門形容這個情況，那

就是「resquillage」（不勞而獲），或者說「投機分子」也行。相信我，任何冒失鬼想在我面前插隊絕對危險。

雖然我住舊金山好多年，也在大庭廣眾看到許多親密的肢體動作，但對於耐心在郵局排隊買郵票，素未謀面的陌生人排在我後面，並用手肘輕推我向前的舉動；又或者在超市排隊，有人在我附近慢慢移動，想趁機鑽進我跟金屬柵欄之間那只有五公分的距離，我還是會覺得困窘。

他們在想什麼啊？我懷疑是因為巴黎人無法保持距離，只能想辦法變身為橡皮人，自如伸縮鑽進我旁邊。身為舊金山人，在公開場合看見奇怪的姿勢並不陌生，但在當地法蘭普利超市發生的這件事就真的嚇到我。

對巴黎人而言，五公分的距離等同於美國人五步。即使在前方只保留了一點點空間也正好給插隊者藉口，所以除非你的外陰部緊靠著前面的那個人，否則你就是樹立了告示，指著前方說：「請站在我前面」。

〈巴黎人報〉在電視上播放了一系列描述巴黎眾生糗態的可笑廣告。（絕對值得你到影音分享網站上，搜尋「巴黎人廣告（Publicités Le Parisien）」。）其中一則，從巴黎路邊的全自動廁所後傳來關上拉鍊的聲音，沒多久出現一位衣著整齊的男子，越過他剛製造的一條小溪，而這條小溪正流向一位太太腳邊的菜籃底，形成一窪小便池。他竟是大步走近她和她的菜籃，向她快速點頭致意，然後快活地、毫無眷戀地過街而去。

還有一則是兩名拿著旅遊指南、一臉困惑的日本人正在尋找艾菲爾

鐵塔。一位好心的巴黎人指著他們來時的方向，要他們再走回去。離開前他們還不斷點頭、彎腰向他道謝。沒想到，這位熱心的傢伙才一轉身離開，艾菲爾鐵塔竟在轉角，於鏡頭上方巍峨聳立。

而我最喜歡的情節則是在超市發生的。一位嬌小的老婦人抓著一小瓶水在走道上拖著腳步走向無聊的收銀員，正要將這一小瓶水放在輸送帶上時卻硬生生被一個女人搶道，她在卸下推車上一堆雜貨前，帶著虛情假意向老婦人陪笑致歉，並揮手要她讓路。（這正是巴黎人的作風，給這名女演員詮釋的演技鼓掌吧！）

當你正想著沒事了，老婆婆也正要放下水瓶的時候，這個女人竟然又支開她讓她那抱著一堆東西的老公插隊。〈巴黎人報〉為這些廣告所下的標語就是：「〈巴黎人報〉，最好讀一下。」（Le Parisien：il vaut mieux l'avoir en journal.）記住，這就是巴黎人的幽默感。

「喂，你在排隊嗎？」每當有人想插隊的時候就不只一個人會這樣問我。「不是，真的不是。」我其實想回頭跟他說：「我就是想拿著一籃物品站在超市櫃檯前，反正我今天也沒事。」

在香榭大道上、忙碌的拉杜麗（Ladurée）甜品店裡，當我開口說，「這真的在排隊嗎？」站在我前面的女士確實會回頭看我。

為了解釋給她聽，我指著我前方排成一列的十個人，而我後方則還有二十個人在等待。我不知道她所謂的「一列」跟我想的一不一樣，但我給她足夠的時間讓她偷偷回到隊伍最後面去認真思考。

許多移居國外的人會練就出某些技能好避開緊貼在後的陌生人，或是設法跑到前面。最常用的方式就是背上小背袋，但是這跟背腰包

一樣可怕，所以我選擇捍衛地盤的武器就是更便於使用的購物籃。

我的籃子較我的身體寬，帶著醒目的手把可以讓我轉動好擋住從任何方向朝我走來的人。當我航行在忙碌的市場，我會拿著購物籃在前頭走著，就好像是戰艦的船頭用來開路。不過並非總是見效，巴黎人不論何事都不喜歡為任何人移動或後退。所以，我偶爾會把籃子藏在身後直到最後一刻才向前提起，突來的舉動嚇得他們措手不及、退避三舍使航道立刻淨空，我當然腳底抹油逃啦。這招在排隊的時候最好用，因為這是個可移動的路障，我可以靈活擺在適當的位置，連最頑強的投機分子都能阻擋。

除非你有膽或者法文很強，請先別發怒。我曾發生一件意外，當我在廉價百貨公司「Tati」排隊時，有個女人突然在我面前插隊。當她拒絕讓步，我咕噥了一句「salope」，嚴格來說這個字等同美國人所使用的「female dog（母狗）」之意；但在法國卻代表 C 開頭，暗指女性生殖器之意。我想這就是我沒有把法文學好而必須付出的代價，她開砲了；聲音大到同樓層的人都匆忙趕來察看這場騷動，這天我確實學到新的、不雅的單字。

我也不建議採取巴黎人似乎不懂的幽默。我曾轉身對一名上了年紀、老得能當我祖父，正在我身後用手肘推我前進的法國人說：「抱歉，你不認為應該先請我喝一杯嗎？」而他只是茫然望著我，想來我的幽默也是枉然。或者有可能是他太小氣，不願請客。

最有趣的是當我後面排隊的人必然又想往前推擠的時候，我會開始緩緩後退……再向前一小步……遲疑一會……然後又往後，這時沒有比聽見我身後像是壓扁的手風琴撞倒在一塊所發出的抱怨更讓人滿足的事。你可以繼續到羅浮宮或艾菲爾鐵塔參觀，那也是我在巴

黎最喜歡做的事情之一。

既然轉動購物車是那些脆弱、嬌小的老女人所喜歡的武器（若是不巧你擋了路，你會發現她們沒那麼脆弱），巴黎人自然會害怕四輪貨車。我從他們身上學到訣竅，把它變成我和別人區隔的界線。假如他們想越線，我的車輪會不小心輾過他們的腳，然後我會很真誠地說：「噢！請原諒我。（Oh! Excusez-moi!）」至少我還會假裝有禮貌地道歉；那些女人可是會恫嚇擋住她們去路、眼盲又行動不便的人士。

在巴黎生活一段時間後，我也看不出有任何理由我該站在別人後頭排隊，於是我的眼睛鎖定了羅曼，他可是專業插隊戶。我看著他悄悄地溜進耐心等待洋蔥或卡蒙伯爾起司的人群中，不久我也加入投機分子（les resquilliers）的行列。現在，我能裝作沒看見其他人、若無其事地插隊。你可知道我省了多少時間嗎？如今為了能擁有大把的時間，沒有任何事能阻擋我踮起腳尖穿過人群。

首先，你必須確定要買的東西，一旦你插隊就沒時間猶豫。假如你說話結巴、不確定或有疑問，你就完蛋了。

認識市場小販好處不少，但身為法國人的他們只想跟你聊天。你要準備幾句簡短精省的話，千萬別聊過頭。「Ça va?」這句不是譯成「嗨！」就是「你好嗎？」這種典型的句子真的很好用。最糟的就是他們問了個必須慎思才能回答的問題，比如，「上週你帶來的冰淇淋真好吃，你怎麼做的呢？」或「你的籃子擋到別人了，能不能移動一下？」

不管你跟攤販熟不熟，你的眼神一定要很堅定地注視他，眼裡只有

他就是不看其他人。假如你眼神閃爍、瞄向別人，就像為了搶下最後一串小蘿蔔而攔截那位也正蹣跚向前的 Salope，很可能又造成一樁國際意外事件。

零錢請準備剛剛好。若是你正好買一顆萵苣，拿了五十歐元紙鈔給小販找錢，接著你就必須尷尬地杵在原地，看他摸著口袋、搜集且拉平皺成一團的紙鈔，再向別人交換硬幣，而此刻你只希望在這群排隊人群趁虛而入前趕緊離開。

不過態度才是最重要的，不要有一絲的念頭認為自己不該排在別人前面，我的意思是他們以為他們是誰呀？難道不知道你有比排隊更重要的事要做？

你在巴黎想耐心排隊等待，那是你的選擇。不過你可能看見一個男人迅速穿越市集，手裡提著柳條編織的籃子硬是切入一列又長又寬的人龍，手裡的零錢還不斷哐啷哐啷響，除非你不介意我在你身後推擠你，否則別怪我沒警告你喔。還有，別肖想我請你喝飲料！

美味巴黎

TRAVERS DE PORC

香烤肋排 _(6人份)

雖然你經常在市場或餐廳看到肋排，你會發現法國人很少用烤的。我不認為這裡的餐廳裡有多少建有燒烤窯，但如果有人知道，請告訴我！

多年前我初到 Lenôtre 廚藝學校時，當大家在學校餐廳坐下來準備用餐，一名來自丹麥的學生說：「難道你不用像美國人一樣，每道菜都加番茄醬？」

我挖苦地回他，美國和他的國家不同，美國是一個幅員遼闊而且多元的國家，吃的東西各地有別。

美國人的確愛好番茄醬出名，雖然法國人似乎也很愛它。你現在甚至可以在法國的超市（也許丹麥也有）找到大塑膠瓶裝的番茄醬，標籤浮水印還可看到星條旗在上面飛舞。

我自己沒那麼迷戀番茄醬，但它確實讓我烤箱裡的烤肋排多了一些家鄉味。肋排是少數你會看到巴黎人用手拿起來吃的食物。哎呀，我看到一個人舔他的手指頭，他以為我沒看到！

材料

醬油（可選低鹽） 160 毫升｜番茄醬 80 毫升｜蒜末 8 片量
鮮薑末 3 公分量｜辣椒粉或亞洲辣椒醬 2 小匙｜糖蜜 2 大匙
黑蘭姆酒 2 大匙｜橙汁 125 毫升｜第戎芥末醬 2 小匙｜現磨黑胡椒
適量｜肋排 2 公斤（去掉多餘肥肉，切成每段 15 公分）

美味巴黎

步驟

1. 預熱烤箱至攝氏 160 度。

2. 在烤盤拌入醬油、番茄醬、大蒜、生薑、辣椒粉、糖漿、蘭姆酒、橙汁、芥末和胡椒。

3. 放入肋排醃好。烘烤 2 小時。烤的時候，把肋排在滷汁裡翻動幾次。

4. 打開包覆的錫箔紙，繼續烤 1 ～ 1.5 小時，每 15 分鐘翻動一次，直到醬汁變稠，骨肉容易分離。實際烹調時間隨肋排大小與醬汁收乾程度而調整。

盛盤：將肋排分切好即可上菜。

保存方式：隔天的肋排一樣好吃。放上烤盤加熱前，先將肋排切小塊，確定醬汁剛好蓋過烤盤底部。

變化方式：請隨意嘗試不同調味。例如加一把切碎的新鮮薑末，一大撮的五香粉，也可用桃紅葡萄酒或啤酒取代橙汁。

美味巴黎

SALADE DE CHOUX AUX CACAHUETES
花生醬酸包心菜絲 (6 人份)

花生是一種在巴黎咖啡館常見的茶點，但花生醬很少見，大多是在美國人家裡才看得到。然而，非洲人和印度人也喜歡，我在北站（Gare du Nord）後面的印度區 La Chapelle 買了好幾罐。

我選用的是比較硬的綠色和紅色包心菜，盡可能切薄。在最後一刻翻動沙拉極為重要，可以維持白菜清脆；雖然醬汁可提前數小時準備，在上菜前再和包心菜與其他材料一起拌勻。

材料

花生醬　65 克｜蒜末　1 辦量｜花生或植物油　2 大匙｜鮮榨檸檬汁或酸橙汁　3 大匙｜醬油　1 大匙｜水　1 大匙｜烤過的無鹽花生　65 克｜小蘿蔔薄片　1 根量｜胡蘿蔔末　1 根量｜新鮮平葉荷蘭芹、香菜或韭菜末　1/2 束量｜綠色或紅色包心菜絲　500 克｜粗鹽

步驟

1. 均勻混合花生醬、大蒜、花生油、檸檬汁、醬油和水。

2. 拌入花生、小蘿蔔、胡蘿蔔、香菜、白菜，直到全都裹上一層醬汁。嘗看看，可酌量加上些鹽和檸檬汁。

美味巴黎

變化方式：可以用腰果替換烤杏仁，或用一大匙黑芝麻油取代花生油，也可把一大匙烤芝麻加進沙拉。

死而無憾的
熱巧克力

如果你到巴黎就想急忙想點一杯又濃又香的熱巧克力，你不是孤獨的。許多旅客在敘述他們親臨像是 Angelina 茶館和花神咖啡館等提供奢華和高級享受的地方時，說起香熱蒸騰的超濃熱巧克力（chocolat chaud）如何被倒入一只精緻白瓷杯，尤其是濃稠、醇厚到會噗通一股腦衝出來的情景，那副神情總像失了三魂七魄般。

我呢？我幾乎無法吞下那坨巧克力泥！

好像給狗灌藥似的，你得緊閉雙唇，替脖子按摩好將那坨超級濃的巧克力泥全吞下。那坨難以下嚥的液體轟然重擊我的胃，在接下來的這一天拒絕移動，我完全無法消化，天知道哪裡好喝了！

說真的，假如我能替每個問我哪裡有全巴黎最好喝的熱巧克力的人發一槍巧克力彈，我想那多到可以漆飾凱旋門了。曾經，有位客人問我：「巴黎最棒巧克力店在哪？」只因為我無法輕易列舉出「最棒的」巧克力店，他就在網路留言斥責我是個不給確切答案的蠢蛋，這個例子教我從此對類似問題避而不答。

你說嘛，我該怎麼回答？這就好比走進酒館問酒保：「哪款是你們最好的酒？」

巴黎的每間巧克力店都是獨特的，所以我絕不推薦所謂「最好的」。我傾向思考他們都是我的小孩，每個都有不同又可愛的怪癖。然而美國人最愛排名了，尤其是第一名；也就是層級愈高，我們愈愛。世上的其他國家都好奇美國人為何從不使用公制，正是因為當我們倒抽一口氣說：「天啊，氣溫快要到華氏 100 度了！」要比說：「天啊，氣溫將近攝氏 37 度了！」來得有刺激感。可別讓我體驗那可笑的「風寒效應（wind-chill factor，暴露在風中的皮膚，

會感受到比當時氣溫更冷的效應。）」，那可會叫我們使用到更多的最高級。

§

到底，這裡的巧克力熱源自何處呢？最可信的說法是嫁給法王路易十三的西班牙公主，奧地利的安妮（Ann of Austria）於西元一六一五年，把外型飽滿、香氣十足的可可豆當作嫁妝帶進法國。回溯當時，沒有精良的高科技儀器將可可豆磨成粉再製成柔滑的巧克力塊，只好碾碎豆子，加熱攪拌為巧克力熱飲，成為當時附庸風雅的達官顯貴才能享用的珍稀飲品。

豪奢的法國貴族為了繼續享有這樣的生活，將巧克力賣給嚮往的民眾，不久便成為人人可及的飲品。薩德侯爵藉熱巧克力摻毒，龐巴度夫人（Madame de Pompadour）喝熱巧克力來迎合法王路易十五過盛的性慾（有興趣者，可上凡爾賽（Château de Versailles）官網搜尋「食譜」），而淫蕩的杜巴利伯爵夫人（Madame du Barry）則不斷供應巧克力熱飲給眾情夫好維繫關係。

不是所有人都擁抱這種神奇靈藥，儘管德塞維涅夫人（Madame de Sévigné）很滿意巧克力能調整她的消化系統，她仍舊警告喝太多則適得其反；她舉科特洛根侯爵夫人（Marquise de Coëtlogon）為例，告誡女兒喝太多巧克力會生出「像惡魔一樣黑」的寶寶。

四百年後的今天，我們依舊能在「黛堡·嘉萊（Debauve & Gallais）」皇家御用巧克力店尋訪過往的足跡；前身為藥房，現在則是讓人望而怯步的頂級巧克力店（貴得嚇死人），還保留過去圓幣狀的黑巧克力——保佑健康的巧克力（Chocolat de Santé）。研究

顯示，不管是吃或喝巧克力都有益健康，不過多數的巴黎人可不會一口氣喝下好幾杯來改善健康。而據我的觀察，這裡的所有人似乎也都有相當健康的性生活。

§

時下巴黎市區內從不缺讓人放縱享樂的地方，隨處一間咖啡館都能快速提供一杯巧克力熱飲。然而付錢的大爺請留意，除非在巧克力專門店看見菜單或黑板上的字跡潦草地寫著「遵循傳統（à la ancienne）」，即店家遵照古法來煮熱巧克力的話，多數的巧克力飲其實都是用一包包的巧克力粉沖泡而成。如同法國家電零售商「Darty」，可沒有百分百的滿意保證，我喝過幾杯古法製作的巧克力熱飲，唯一保有傳統的事物就是每次調製出的味道都過時。

有一天，我走進巴黎其中一家平日愛去的小酒館吃點心，雖然沒有櫃檯式長桌，或因為是在法國，也沒有無限暢飲。裡頭的氛圍很像車廂式簡餐店，店裡穿著制服工作的女服務生如機械般效率十足且和善，不過從她們健壯的小腿和前臂看來，我還是不要招惹她們比較好。

那天下午我遇見生命中最滿意的體驗之一：這天天氣特別冷，即便我和多數巴黎人一樣將脖子上的圍巾打了兩個漂亮的結，一路上都沒解開，我還是無法止住顫抖，只好點了一小杯的巧克力熱飲。當女服務生將那一小杯有點重量的杯子放在我面前，我先吹開從杯面裊裊升起的蒸氣，望著杯裡深色的液體，小心地捧到唇邊。

事情就這樣發生了！我花了一點時間來釐清眼前正在發生的事，所有我對熱巧克力偏見都消失了，都被拖進大腦角落裡的垃圾桶然後

永久刪除。這是我喝過最好喝的巧克力熱飲，也是唯一讓我真正瘋狂迷戀上的一次。

那裡是維也納甜點店（Pâtisserie Viennoise），那令人驚奇的熱巧克力都是在地下室廚房裡每天現做；先煮成一大鍋再倒進大甕，分成小杯（petit）和大杯（grand）兩種容量，可以供應一整天。這種濃稠的巧克力熱飲對我來說，小杯的剛剛好。不過，看看四周發現我絕對是異類，因為面對那一大杯的馬克杯，上頭還覆蓋著多到幾乎溢出的鮮奶油，似乎無人有喝不完的疑慮。

不要期待在這兒能發現鍍金的裝飾或是鋪設精緻的小桌巾，裡頭的兩間包廂顯得陰暗，牆上複製的印刷品都有些破舊，而顏色為摩卡棕的模具上也有好幾處明顯的裂痕。不過好喝的巧克力熱飲只要幾枚銅板，等你拿到帳單保證不會嚇一跳。如果你還堅持杯子底下要有一張桌巾，就自己帶唄。

那麼，維也納甜點店在哪呢？

為了去到這家店，你必須勇敢面對在第五區、全巴黎最危險的街道「醫學院街」（la rue de l'Ecole de Médecine），幸運的是，這附近就有醫學院。若不是為了那驚人的熱巧克力，我絕不去那條街，因為窄道上沿途駛過的公車幾乎快要擦撞行人的手腳，步道上的行人只好緊縮著身子前進，就怕一有鬆懈就能確實感受到高速行駛的公車掃過臀部的驚險。實在是因為樂於欣賞那些擺放窗前的維也納水果餡餅及點心，我冒著被後頭快速前進的 86 號公車一路追趕，險些擦到臀部側邊的風險，一旦安然抵達前門時立刻就跳進店裡。

平安進入維也納甜點店後，立刻脫掉外套，把自己塞進任何找得到

的位置。如果中午才到，儘管周圍有一群出來用餐的忙碌上班族虎視眈眈地等著你享用完 2 歐元一杯的巧克力熱飲，店家也不會善罷甘休，希望你再點其他吃的！用餐時間，店家向來歡迎你站在只有幾平方公分人稱櫃檯的空間裡快速吃完食物，即便還有其他位置，通常還是會在這裡找到我。這裡是觀察女服務生工作的最好角度，也是我在巴黎偏好的娛樂方式之一。不過當她們滿手都是搖搖欲墜的杯碟，快速繞過轉角而來時，最好閃邊，否則她們就像外頭的 86 號公車，一定撞上你！

假如你真的不想喝到太多的鮮奶油，就別點維也納熱巧克力，這裡的規則是每一杯維也納巧克力上都聳立著一球跟杯子本身同等大小或更勝的奶泡；那奶泡沒有倒塌而大量流出杯緣，經過茶托直到桌上，就算你好運了。我是比較純粹的人，我點的巧克力永遠是不加奶油的（sans Chantilly），只是女服務生一聽見我的要求，眉頭上總會出現一道深深的、因為失落而起的皺紋。

因為純粹，我喜歡偏苦巧克力，不過對從未真正吃過苦的人來說，這次我是真的踢到鐵板。啜飲幾口之後，我退縮了，開始解開一旁的方糖包裝，然後就像法國人說的把糖當作一隻鴨子泡進巧克力。

某天，當我試著打探店家的配方，問他們是否使用不甜的巧克力或加了可可粉，櫃檯後方的女服務生立刻斬釘截鐵回答：「不！」她堅決不透漏祕訣，卻告訴我會在爐火上煮一陣子，並且大動作地移動右手臂畫圈好暗示我找不到那樣大的鍋子（或者暗示她的肌肉比我發達）。就這樣，她掛著微微上揚的嘴角繼續工作。

滿足地喝完一杯熱巧克力，我毫無眷戀地往門口走去，再度武裝自己好迎戰冬季巴黎的嚴峻；在暖呼呼的身體外套上夾克，脖子繞

上圍巾再打個漂亮的結，丟幾個銅板在櫃檯邊的小碟子裡，然後離開。出了門，我總是小心翼翼九十度的轉彎，才不至於迎面撞上為我做菜的廚師（或是為我調製巧克力的人，雖然我很想找他問個明白，竊取製作祕訣）。

想一想如能喝到一杯好喝的、還熱氣蒸騰的巧克力飲，未必是一頓糟糕的最後晚餐。也許從現在起，我會接受他們極力推薦的、奶油分量超多的熱巧克力；若是我該離開的時候到了，至少我會開心地走，然後毫無保留地說我終於發現巴黎最好喝的巧克力熱飲，真正讓人「死而無憾」的熱巧克力。

美味巴黎

LE CHOCOLAT CHAUD
熱巧克力 (4～6杯)

如果你無法造訪維也納甜點店,你錯過的將不僅是一杯巴黎最美妙的熱巧克力,還有多種的維也納甜點,如放了杏子、外表閃著油亮光澤的沙哈(Sacher Torte);塞滿肉桂蘋果的餡餅,或是塞滿培根的蒂羅爾州麵包(Tyrolean bread)。也許你也可能錯過死神的呼喚。

幸運的是,我的巴黎熱巧克力可在家製作;可使用一般或低脂牛奶。但是,一定要用一流的巧克力。因為這個食譜的材料很少,巧克力的品質很關鍵。

材料

全脂或低脂牛奶 500 毫升|半甜或苦甜巧克力末 140 克|粗鹽 少許

步驟

1. 在中型平底鍋加熱牛奶、巧克力和鹽,直到開始沸騰。(請仔細看著爐火。)

2. 轉小火後煨煮,不時攪動約3分鐘。如果你希望比較濃稠,多煮1～2分鐘。

盛盤:可直接喝原味巧克力,或加上一大勺略甜奶油。若不夠甜,可以加糖。

保存方式:熱巧克力可預先製作,放在冰箱可保存達五天。加熱時可放在鍋裡小火加熱或微波爐加熱。

上鉤的魚

我怕魚，怕死了！

即便死亡，牠們那不帶情感、呆滯泛光、直視著遠方的死魚眼總像是在看我，讓我相信躺在那裡的魚，那滑溜的身體可能會突然奇蹟似地復活咬我一口。

舉凡蛇、蜘蛛、鱷魚、蜥蜴，或者貝類，不管死活我都不怕；反倒是來自深海，形體柔軟、伸縮自如，又會噴墨的烏賊，比有著鱗片的魚更教我害怕。關於這樣的問題，我也莫名所以。

我想這是深植在幼年時的恐懼，當時我六歲和姊姊在屋子裡玩，我以為躲在床底下就不會被找到；沒想到她卻發現，故意將一本關於海中世界的書翻開推進床下，內容則是一隻橫跨兩頁，讓人印象深刻的大章魚，牠正張開觸角吸附著無辜的岩石。幼小的我就和那隻大章魚獨處在陰暗的床底下，導致我到今天都無法復元的創傷。

四十年過去了，那些邪惡的章魚依舊糾纏我，我想牠們都要先裹上麵包粉、下油鍋速死，再淹進辣醬裡，這合該才是那些醜陋吸盤的下場。

我在帕尼斯餐廳廚房工作的頭一週，因為急欲表現而被指派清洗那一大塑膠桶、滿滿的軟滑烏賊，可想而知我當時的感覺。縱然我那兩週的試用期才過一週，我可是再也不想碰到任何烏賊。現在只要一想起那最可怕的夢魘，總是揮之不去。當時在驚慌之下，我暴衝到廁所躲起來直到確定這項工作被轉交給其他人為止。謝天謝地，之後我轉到甜點部門，從此沒有觸手，我想我該是永遠離開那危險之地。

在巴黎市場裡，魚販自豪地將每日捕獲的海產鋪在成堆的碎冰上，每每經過看見那堆躺在濕冷冰塊上、滑溜的小惡魔，我雖然害怕卻深受吸引。我因為牠們將為我過去所遭受的心理創傷贖罪，等著任人宰割而暗爽。（不知怎的，我原諒了我姊。）我明知這些生物都死了卻奇異地被牽引，望著望著竟然想伸手去摸，感受一下。

說也奇怪，愈是害怕的事物我們愈是著迷。不曾站在摩天大樓或橋上的人老是想知道從高處邊緣墜落是什麼感覺？或者到當地漁市，跟那邊熱情又粗曠英俊的年輕人說想要一起工作，整天清理魚內臟又是什麼感覺？

巴黎漁業（Pêche Paris）是一處我喜歡前去買魚的地方，它位在阿里格爾市場（marché d'Aligre）裡。那裡燈火通明，一覽無遺，所有海產的新鮮度皆通過最縝密的檢驗，淡藍色的販售台上全是漁夫的上上之選；橘色的大塊鮭魚、背鰭有硬棘還斜視的鮋魚（rascasse）、小小的銀白色沙丁魚、緋紅色的紅魚（rouget）魚片，還有如同愛馬仕小牛皮手套般，扁平柔軟又纖細的法國比目魚。

當我寫作冰品時，我的冰櫃很快就被塞滿，每次都得丟掉好幾批的冰淇淋才能清出空間給下一批所需的材料。我自以為是地假設巴黎漁業有座大冰櫃，其實在此工作的年輕人都有法國人才有的腰圍，比起某個正逢青春、擁有令人羨慕的腰線卻像笨蛋狂嗑巧克力的美國人，更有條件吃下冰淇淋。當這些年輕人一看見我來便停下手邊的工作跟我問好，同時想知道這回我又帶來什麼口味的冰淇淋。

我認為要善用在異鄉的時間，以開放態度把握每次機會，於是某天正當我跟我的魚男聊天時，我提出和他們一起工作的要求。他們的

訝異不讓人意外，畢竟哪個心智正常的人願意整天與冰冷、黏涕的魚群為伍，全身濕透，手臂、頭髮、睫毛皆沾染魚身上的黏液和魚鱗才回家？撇開可能接近烏賊的危險不說，更驚恐的是他們竟然讓我下週三、早上五點三十分報到！告訴你，清晨五點半，沒有任何事物比我本人可怕，甚至連巨大的章魚也不敢靠近我；因為我的臉超臭的，所有跟我一起工作的人都能證明這點。於嚴冬一片漆黑中起床，一路跋涉到阿里格爾市場，一整個早上都在為死魚秤重，這一切突然不再如我所想的那樣有趣。不過既然我提出要求而他們也答應了，後悔已來不及，只好硬著頭皮做。

頭一天，我打算只遲到兩分鐘。法國人關於守時這件事向來採放任的態度，但涉及工作就不是如此。魚男們早就在燈光下如火如荼地工作，鏟冰、敲擊魚頭，和清除魚內臟。

為了找到一雙適合我穿的膠鞋，我們篩選掉一堆高統塑膠靴，還給我一件深藍色、長度垂至地板的塑膠圍裙。我身上的裝備完全防水，當我抬著肥鯉魚和滑溜海鰻到處走時，很快理解防水的必要性。

我的大半人生都在餐廳裡度過，得到的經驗是想在任何提供食物的環境下生存，有三件事必做：第一，絕不謊稱自己的經驗和技術。誇大沒有用，謊言立刻就被戳破，反不如求知若渴來得可愛。

第二，瞭解如何在廚房裡移動。我在大學時得到的第一份餐廳工作正是如此；我沒有經驗，但主廚說我知道怎麼動，所以我被錄取。

第三則是願意做任何事。不說我訓練過多少實習生，當我要求他們榨一箱的檸檬汁或幫櫻桃去核時，他們的眼球總是左右飄，讓你

以為我命他們用舌頭舔我的工作鞋。在帕尼斯餐廳，連愛麗絲和主廚都要倒垃圾，如果你杜絕一切廚房工作（當然，清洗烏賊是例外），你就不是團隊的一分子。

當我開始在漁市工作，我體認到上一份工作早已是最少二十年前的往事。長期獨自在家工作，早讓我忘了因自身不足而必須證明自己是個生手的感覺。我凡事小心，因為沒有任何事比上班頭一天就搞砸事情的感覺還糟、還可怕。

我的第一項任務就是準備一箱鯛魚。用鋸齒狀的金屬刮刀迅速刮去每條肥魚身上的鱗片，用剪刀削去魚頭，劃開魚肚，徒手用力扭絞從魚肚流出、一團濕黏的內臟。你若沒認真思考手邊正在做的事也不要緊；只是切、割、拉扯的動作而已。若是正好相反，那種令人窒息、噁心的感覺就會在胃裡翻攪，尤其是早上六點零三分。

魚販不被稱作屠魚夫是有原因的——因為你不想在魚身上亂砍。每一塊魚片皆需被細心清洗、切割齊整。沒有人想回到家，打開看見一條像是經歷過一場與貓拔河，最後敗陣的殘骸。

當我一洗完小魚，便立刻前去處理「啪！」一聲丟到我面前的大魚，此刻我會特別感謝身上的圍裙和膠鞋這兩件雙搭擋。除了一整條鮭魚，被我搞得看似是上游魚群之連環殺手下的犧牲者外，我做的也沒那麼糟啦！我的弱點是處理新的、陌生的事物時，不如別人要求得快。那些魚都是狡猾的小傢伙，滑來滑去不安分，不像巧克力塊和糖罐永遠安靜待著，想將魚切片猶如想替移動中的車換輪胎那樣難。

我也學會快速又俐落地將扇貝去殼，正確將鰻魚去皮、切塊的方

法，剝去比目魚細緻皮膚的精巧技術，用我細瘦的拇指輕鬆地替沙丁魚去骨，還有當客人要買烏賊的時候，如何不做出痛苦的表情。每回經過烏賊的時候，我期盼地望著，並想像自己的手滑過牠們濕滑的身體，撫弄那些多肉的觸手，但最終我還是做不到。

不過最辛苦的工作不在漁市，反而是在下班回家。（基於對他人的善意，我選擇不搭地鐵而是走路回家。）第一天下班到家，我迅速關上門、跳進浴缸想好好泡個澡，心想可以消除身上的味道。很抱歉，我發現熱水只能封住魚腥味，使味道更濃。於是，我試著使用工業級肥皂洗手，在流動的水流下以不銹鋼湯匙不斷刮擦雙手，這在一般情況下很有效，但是對於強大的魚腥味卻失靈了。

我想起電影《大西洋城》（Atlantic City）裡，蘇珊莎蘭登每晚回到家對切幾顆檸檬，再從臂膀到手仔細用檸檬擦拭，而此時暗戀她的鄰居伯特·蘭卡斯特（Burt Lancaster）正在對面無限遐想地偷窺。於是我也有樣學樣，結果慘的是我的雙手像是一直浸泡在強酸裡。

在漁市工作一陣子，我開始抓到工作訣竅，良好的表現受到認同也如願繼續待下來，想多久就多久。也不是說這有多迷人，只是能和帥到可以當 D&G 模特兒的傢伙們出去，和市場的夥伴在咖啡館喝杯咖啡，都讓我覺得自己真的融入當地，好像成了法國人。身處在魚群中，我的指甲永遠卡著魚內臟，踩海水浸濕的地板，頭髮和睫毛摻雜著薄透的魚鱗片，不知怎麼我還打算繼續為我做的事保持內心的光和熱。

因此那天早上我正在更衣室換膠鞋和圍裙，當帝博（Thiebaut）把我拉到一旁說不再需要我時，你就能想見我有多驚訝。我想至少他是這麼說的，他用我不瞭解的法文提到法律（les droits），應該是

跟法國對勞工的嚴格規定有關。當然也有可能單純是帝博想要我走路，但我寧願想成是因為我沒有工作證才被解雇。

我帶著沮喪回到家、爬進還殘留著餘溫的床，在被窩裡蜷縮身子、頭靠枕頭，心情還有點悶。唯一感到振奮的是我的手，咦？什麼味道都沒有。

我回想起有天早上，門市營業前的幾分鐘，我和魚兒獨處。經過一大堆冷凍烏賊時，我突然舉起手直直地伸進烏賊堆裡還到處摸，手指嘗試避過觸手去摸冰冷、光滑的烏賊頭（我竟然沒有抓狂），就是那一刻我克服了糾纏我一輩子，世上最大的恐懼。

隔天，我沒被請求回去也不覺得糟。（我的編輯老是用筆劃去「沒被請求回去」，改成「被開除」的字眼，但我還是衷於我的故事。）說實話，被開除我還鬆了一口氣——我的意思是，沒被請求回去——因為那代表每星期我不用再度過六個無眠的夜晚，並且在第七天於荒謬時分驚醒。

我也很高興能和巴黎最帥的魚販一起工作，每星期我至少還是會去那裡採買一次，只不過對烏賊仍舊敬而遠之——除非沒別人在看。

美味巴黎

SARDINES AUX OIGNONS ET RAISINS
SECS A LA MODE DE VENISE
威尼斯洋蔥與葡萄乾沙丁魚 (8 人份)

新鮮沙丁魚是少數嚇不倒我的魚。我猜是因為牠們如此地小，看起來做不出什麼傷天害理的事。

用糖醋醃魚這個想法可以回溯到很久以前，當冷藏技術還不發達，魚需要用醋和糖稍微醃漬，這兩者都是 preservatives（防腐劑）——請不要與 préservatifs 這個字混淆。選字請小心：如果你告訴法國魚販，要把你的魚放在 préservatifs 裡存放，你會看到一點曖昧的表情，因為這個字在法文是指保險套。

材料

植物油　適量｜麵粉　35 克｜粗鹽　3/4 小匙｜現磨黑胡椒　適量｜洋蔥薄片　450 克｜橄欖油　2 大匙｜天然粗糖或砂糖　1 大匙｜紅辣椒片　適量｜松子　40 克｜白葡萄酒醋　125 毫升｜干白葡萄酒　80 毫升｜月桂葉　2 片｜黃金葡萄乾　35 克｜清洗過的新鮮沙丁魚（見大廚的私房筆記）　450 克

步驟

1. 準備一個厚煎鍋（不是不沾鍋），倒入約 1 公分深植物油，加熱直到煎鍋裡的油發亮。

2. 加熱油時,把麵粉加入鹽和胡椒調味。用手抓住沙丁魚兩側,沾滿麵粉,抖掉多餘的麵粉。

3. 煎沙丁魚。放入煎鍋平放可放進的隻數,有肉的那面先朝下;每側煮約一分鐘,直到輕微焦黃。每當一尾煎好時,撈起平鋪在紙巾上。重複相同動作,煎好剩餘的沙丁魚。

4. 當所有的沙丁魚都煎好,倒出多餘的油,將火轉到最小,加入洋蔥、橄欖油、鹽、糖和紅辣椒。

5. 續煮,不時攪拌約 20 ~ 30 分鐘,直到洋蔥變軟。

6. 煮洋蔥時,把松子放進攝氏 160 度烤箱約 6 分鐘,不時攪拌以免燒焦。

7. 當洋蔥煮熟後,拌入醋、酒、月桂葉、葡萄乾和松子。起鍋,放涼。

8. 在較深、不傳熱,且剛好可以放進魚的大碗或烤盤裡,將沙丁魚和洋蔥交錯疊層,最上層必須是堅實的洋蔥。倒入醃泡汁,覆蓋和冷藏。

盛盤:我會和一籃結實的麵包一起吃,如法國麵包或黑麥麵包,以及一疊的上等奶油。我喜歡在麵包上塗一層奶油,再鋪上一尾沙丁魚。準備一小碟粗海鹽或鹽之花,方便撒在上面。配上大綠葉沙拉,就成了一道省時佳餚。

保存方式:沙丁魚可冷藏兩天,最好是在常溫下食用。

大廚私房筆記

購買沙丁魚時多數已清理過,如果無法找到新鮮的沙丁魚,可以使用任何肉不是太多的魚,如河鱸或小鰈魚。如果你不容易找到白葡萄酒醋,也可用紅酒醋。不知為何,在巴黎幾乎找不到白葡萄酒醋。

法國人的
安全感

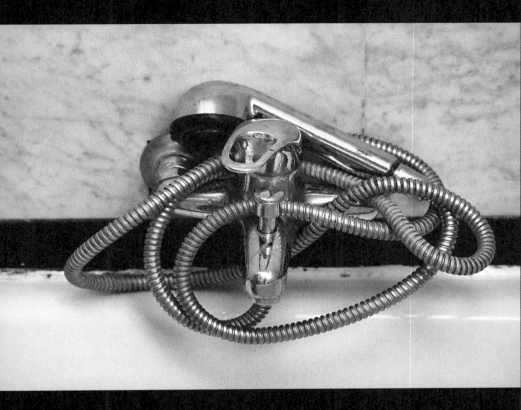

當你受邀共進晚餐，你最想聽到主人最後說什麼？如果聽到「我家買的魚快過期了，所以晚餐吃魚吧。」你會怎樣？

法國人向來偏好露天市場上的新鮮食材，他們會排隊（嗯，偶爾啦）採買當天最好、最新鮮的食材。不過他們還有一項著名的特色，就是不浪費任何東西。在巴黎住了一段時間，我那小而美的公寓已經連塞一封信套的空間都沒有，我四處打探可以捐二手貨的地方，像是過季的衣服，或最有可能的是我再也穿不下的衣服。結果卻招來白眼，羅曼他訓了我一頓，「不行！大衛。」邊說邊在我面前搖搖手指，「法國人不丟任何東西的！」

我也無法忍受丟棄物品，所以這點我適應得很好。比如那幾條有設計感、用四折買來的褲子，雖然當時有些緊，不過買來的頭幾年偶爾會在我準備出門時試著換上。如今，我和我的腰圍似乎都不想改變，但我還是說服自己那件比百老匯劇院的簾幕還多皺褶的傘褲（parachute pants，八〇年代流行服飾）會再度流行，儘管我那迷你的法式衣櫥已經沒有空間，我還是把褲子放回衣櫥，再攔幾年吧。

法國冰箱也同樣有空間不足的問題，就是無法按照自己的心意放進所有物品。我曾到別人家作客，看見他們沒將燉牛肉或牛肉湯放進冰箱，就攔在流理台上過夜，甚至好幾天。（肉湯正是科學實驗室用來培植細菌的最佳方法。）我也曾和一家子共度七天的假期，他們就把一鍋的牛肉湯放在爐灶旁。接著，他們一個個都出現胃痛的毛病──但不包括我，因為那個禮拜我理智地不去碰那鍋湯。

奇怪的是，沒有人把生病和食材的處理聯想在一起，而這點是我和我的消化道早就必須適應的。

因為曾在專業廚房工作，我對食物的烹調和衛生也略知一二。不過，當豬肉鋪（charcuterie）的女店員從箱子提起濕淋淋的豬腰肉，隨即轉身又處理我中餐要做三明治用的絞肉時，我已經學會沉著並尋找其他方法。「也許酒精能殺菌。」我樂觀地想，即便明知是假，我還是給自己倒了一杯酒。中餐時間，通常我只會小酌，不過愈是在意食物處理過程的衛生，我喝的酒便隨之增加，偶爾會身不由己。

因為空間的侷促，我對食物儲藏的態度早已變得比想像中寬容。我拿出菜籃裡的東西一一評估，反問自己：「這些真的需要冷藏嗎？」

在「大衛餐廳（chez Dave）」，芥末、起司還有任何醃製、罐裝或油泡的食品都屬於「或許冷藏」的範疇，反之奶、肉和多數豬肉製品都優先放進我的小冰箱。蔬菜基本上則視情況，假如接下來的 24 至 48 小時內用不到就先放冰箱。笨重又占空間的根莖類則一律禁止放入冰箱。

豬肉、家禽和鮮魚當然要冰，那香腸呢？新鮮香腸絕對要，白香腸（saucisses seches）就不一定。一旦到家，立刻將牛奶和未發酵乳品放進冰箱，對於法國人習慣將牛奶開封，然後放在壁櫥的做法，即便那是消毒過的，我也拒絕買單。對我來說，那簡直是自找麻煩。反而是任何買到無菌牛奶的人都該知道接著要怎麼做。

很不幸地，每逢周末到某人家作客就是無法避免掉這些東西，今日的魚有可能是上星期的某一天買的。同時，你將有機會好好認識法國家戶必備，卻不怎麼體面的粗麻布。

你一定想知道什麼是粗麻布（la serpillière）？即使你尚未踏入法國

人家中，或許曾在巴黎街上走過，你一定跨過那些蜷縮在排水溝裡整坨濕漉漉，阻擋水流的破布。我知道，我知道，你一定覺得這個擁有火箭般高速火車，最早發明超音速飛機，和最先施行高效能網路通訊系統的國家竟然將骯髒的破布到處亂丟，也似乎太扯了。況且這塊布還被拖遍家中廚房及用來填塞浴室縫隙。

法國人就愛這些噁心、潮濕的灰破布，拖著它們就像拖著安全毯經過家裡的每間房。無可否認，巴黎曾經是一大片泥濘的沼澤，必須控制水流和為其重新定向。數百年後的今天，大部分的水都安居在所屬之地即塞納河。而有了像浴簾、拖把和海綿這類創新的產物，你一定認為屋子裡不再需要拖著濕透的破布，但顯然是錯了。

雖然我愛法國人淋浴時所偏好使用、非常精緻的橡皮軟管，我還是不明白為何歐洲許多家庭和旅館不使用浴簾。拿香皂時只要一個不小心，水花即濺濕地板、馬桶、衛生紙和你的化妝用品。我不知道你的習慣，但是當我裸身跳出淋浴間的時候，緊接著就是蹲下來，開始動手擦乾浴室地板。

因為沒有水管支架，我不知道當我用香皂擦洗時，該把水管放哪。或許抹香皂時應該關掉水龍頭，但我那支新潮的手提水管，熱水從熱水器到水管噴頭得花五分鐘的時間等待，而熱水器還不一定正常運作。（不幸的是，熱水器在夏天比冬天管用。）於是我這個購物狂花錢買了浴簾，哇！我真的太開心了。洗完澡後，那種踩在乾爽浴室裡，用毛巾擦乾身體的興奮真是難以言喻。我有一個想法！也許下次受邀作客時，可以把浴簾當作禮物送給女主人。

我認為不裝浴簾更加深法國人對粗麻布的依賴，類似法國人過於大張的身分證，被強制隨身攜帶卻又無法放進男用皮夾裡，所以男士

不得不提著包包出門——這好像是一道由政府頒布的命令，要求法國男人看起來像同性戀。當我問起不裝浴簾的邏輯時，我的法國朋友反問我們美國人又是如何吸乾水分。

「用拖把呀，它有一根又長又漂亮的木製把手。」

法國也規定人們在公共泳池只能穿輕薄、無涉及宗教的「Speedo」牌泳裝，「就為了衛生啊，先生！」假如有人願意跟我解釋為何被丁字造型的泳裝束縛要比穿多兩公分布的四角泳褲來得衛生的話。還有，為何我頭上的毛髮比許多背部長毛的人還少，卻必須戴上泳帽的話，我一定洗耳恭聽。我不明白當那些粗麻布在此地大規模地影響一般群眾的時候，怎麼會有人關注泳裝上多出幾公分彈性纖維的衛生問題。

下次你到法國，如果很想帶走真正代表法國的紀念品，跳過拉杜蕾（Ladurée）奢華的馬卡龍禮盒、裝有艾菲爾鐵塔的雪花球，或者奇渥里街（rue de Rivoli）的蒙娜麗莎 T 恤，帶粗麻布回家吧！街上幾乎到處都能撿到。

真的，不誇張！

美味巴黎

ROTI DE PORC MARINE A LA CASSONADE ET AU WHISKY
香烤糖心豬肉 (6～8人份)

在巴黎，如果你想要豬肉，你得去 charcuterie（豬肉販）；要牛肉，要找 boucher（牛肉販）。若是雞肉，就去 volailler（家禽販），他們堅持把所有的肉：豬、羊、家禽分開，這是必要的，因為衛生的緣故。其實我對這事不太理解，因為生肉和家禽都需要同樣的謹慎處理程序。

醃豬肉有幾種選擇，這個簡單步驟，受到朱蒂‧羅傑斯在《祖尼咖啡館食譜》（Zuni Café Cookbook）的靈感啟發，給我們這些必須在特定日子到當地戶外市場貨比三家採購的人留了一些餘地，也可以確保選到一塊豬腰肉。可隨意調整或替換任何醃醬中的調味料和香料，但要保持鹽、糖和水的分量等同。

醃醬和醃漬可以提前一天完成，然後只要輕鬆烘烤約一小時。雖然法國美食裡有威士忌聽起來有些奇怪，但它是巴黎最受歡迎的開胃酒之一，所以我手邊會保留一瓶。當朋友邀請我去他們家共進晚餐時，如果菜單合適，我經常也需要一兩杯。

材料

【醃醬】

水 1.25公升｜粗鹽 2大匙｜砂糖 120克｜多香果末 10顆量｜月桂葉 2片（捏碎）｜百里香束 少許或乾燥百里香 1小匙｜無骨烤豬肉 1.25公斤

美味巴黎

【糖漿】

濾過的杏子果醬　80 克｜波本威士忌　60 毫升｜黑糖　45 克｜口味較淡的糖漿　1 大匙

步驟

1. 製作醬料時，先加熱 250 毫升的水與鹽、糖、多香果粉、月桂葉和百里香。當糖和鹽溶解時離火。倒入大碗中，加入 1 公升的水，徹底放涼。

2. 當醃醬變涼，將豬肉放在盤裡，淋上醃醬，要蓋過頂部後浸泡。加蓋放冷藏 2〜4 天。

3. 製作糖漿時，將果醬、波本威士忌、糖和糖蜜放進燉鍋混合。加熱至小滾，煮 2 分鐘。放涼。

4. 取出豬肉，用紙巾吸乾醬汁，放在夾鍊冷凍袋。加入糖漿，密封頂部，輕輕揉搓，讓糖漿均勻分布。靜置於冰箱至少 8 小時或過夜，偶爾翻面，讓糖漿均勻。

5. 烤豬肉前，預熱烤箱至攝氏 190 度。

6. 把豬肉從糖漿中拿起，放在一個大到足以容納它的烤盤。加入約 1 公分深的水。將剩餘的糖漿倒入碗中備用。

7. 烤豬肉約 45 分鐘至 1 小時（依豬肉厚度而定），固定時間間隔將備用的糖漿塗上豬肉表面；如果水量蒸發太多，加入少量水。

8. 當即時溫度計插入豬肉中心讀到攝氏 60 度即可。從烤箱中取出，用錫箔紙

輕輕蓋好，靜置至少 15 分鐘，然後切片。

盛盤：如果你想和糖醋洋蔥（第 212 頁）一起吃，可以在最後 20 分鐘時將它們放進烤盤，一起加熱。

美味巴黎

烤無花果 _(4 人份)

在新鮮的無花果季，我喜歡烤豬肉時配一些烤無花果。作法很簡單，選一些剛熟的黑色或綠色無花果，可以和豬肉一起烤，但如果是提前一天或幾小時做會更好。這段時間，無花果汁會變成濃稠的糖漿。無花果只需加蜂蜜和糖就會香醇濃郁，但若加一點百里香、一些檸檬皮、一點茴香酒，都是美味的佐料。

材料

新鮮成熟的黑色或綠色無花果　10 ～ 12 顆（約 500 克）
蜂蜜　1 1/2 大匙 | 紅糖　2 ～ 3 大匙

步驟

1.　預熱烤箱至攝氏 190 度。

2.　無花果去蒂，切成四瓣，平鋪在烤盤上，淋上蜂蜜，再撒上糖。

3.　輕輕翻動，用鋁箔紙包好，烤 15 分鐘。

4.　拿開鋁箔，輕輕翻動糖漿裡的無花果，再不加蓋烤 15 分鐘，直到變軟。

有錢就能
上醫院

除了房地產價格和法國人永遠痛恨美國人外，最叫我們驚愕的莫過於法國醫療系統。我曾聽過美國人聲稱：「法國人於等待約見醫生中死去。」

不，才沒這回事呢！我的活碰亂跳就可證明。儘管預約專科醫生要等上一或兩個星期那麼久，不過跟家庭醫生預約通常一二天之內就能見到，而且經常是時間一到，醫生老早就在門口親自迎接。沒有人是匆忙的，也沒有保險公司在中間等著駁回你的申請。你若在法國生了病，人們會說「哪裡不舒服？」而非「你有健保嗎？」

我在這裡一直得到很好的醫療照護，唯一感到不舒服的時刻是因為醫生的開藥態度，他們不會慎思處方箋、總是開口服藥劑。我曾經久咳不癒，當我帶著處方箋到藥房買藥，卻拿到一盒子彈形的蠟質藥丸。我質疑這種治標不治本的方法，藥劑師卻看著我，認為我是瘋了才會肖想咳嗽藥到處都有。我只好服用，這藥確實奏效，但是聽我的勸；上瑜伽課之前先別吃，特別是當天必須專心倒立的話。

多數美國人仍舊懷疑法國醫療系統的優點及其運作，奇怪的是這件事在這裡算是少數事件之一。

在美國，有些被洗腦的人試圖說服我美國的醫療系統優於法國；「我不要政府官員為我做醫療決策。」我也不希望政府如此，或者更糟，由營利性的保健組織（HMO, Health Maintenance Organization）為我做決策。我要我的醫生像在法國那樣做決定。如果你開始使用「投保前已存在的健康狀態（preexisting conditions）」、「一般慣常收費（usual and customary charges）」等保險術語，法國人會以為你是從火星來的。醫生會從什麼是對病人最好的角度來做自由的判斷和決定。

世界衛生組織聲稱法國醫療系統是世上最好的，法國人的長壽在地球上排行第三（美國人排行二十四）。也許法國人的長壽是因為他們不用擔心醫療帳單，或者不必面對花數小時在電話上與保險公司周旋所帶來的壓力。

長壽的因素多半是矛盾、難以理解的；即使法國人愛吃富含飽和脂肪的食物是美國人的三倍，他們卻很少有心臟問題。法國女人的壽命是世界第二長（日本女性第一），一想到法國人有百分之三十三至四十八的人口（依據性別而定）會抽菸，這點就值得被表揚一番。若有興致，你可以觀察一下隔桌那群少女，她們將手機和菸隨意放在咖啡桌上，入座前便開始在身上摸索打火機，你就會知道哪一性別比較靠近百分之四十八。

法國醫療系統也有其它優點：醫生仍舊到病患家看診，鄰近街坊就有護士為你打針、換繃帶和拆線（他們也出診）。醫生樂意於留下他們的手機號碼，不論白天晚上你隨時可以撥急救醫療專線，他們會在一小時內火速到達來解救你的痛苦。醫藥的花費很少超過十歐，婦女生產完後不僅在家中獲得育嬰照護，而且還有資格得到免費的陰道重建（rééducation du périnée）治療。

至少對我來說，最棒的是藥劑師有很大的空間和管道，在不需醫生處方籤下（sans ordonnance）提供我所需的處方藥，因為我都會帶著冰淇淋來薄施小惠，這可是我現在最常用的不二法門。

§

不過，健保支付系統並非完善。我在巴黎動手術時還發現一些缺失（除了藥物濫用的情況激增外）。

有一件事，我原本不知道我得自己做的，他們給我一份清單，要我把清單裡的東西都帶到診所：繃帶、手術用膠帶、止痛劑、抗菌劑和紗布。我訝異針線竟然不在清單裡，除非你會感到不安，不然也不用帶睡袍。如果你有打算洗澡，就需要帶一塊香皂和毛巾，診所會提供乾淨的被單、床和枕頭。

雖然手術期間除了躺著，什麼也不用做，但術後開立的處方箋，我必須自行處理。當我遵從醫囑去拿抗凝血劑時，藥師交給我一個盒子、裡頭裝著好長的注射針筒，附帶一本說明注射方法的小冊子。他一看見我嚇壞的表情反而相當驚訝。

身為法國人，當然櫃檯後方的所有人及其他客人都是。他們都有意見了，紛紛提供訣竅和技巧，「喔！這很簡單的。一點都不難。別怕！」你一言我一語，卻不帶絲毫的憐憫。

在肚子上刺了三四次之後，我總算終於成功刺（pique）進去了。（回想一下，假如當時我有張開眼睛看的話，可能會好一點。）當我掌握要領之後，醫生立刻增加我的劑量，這就需要多兩倍長寬的針筒。當他拿出新針筒的時候，可是一點都不在乎我幾近昏厥的狀態。

法國醫生對病人的許多態度也有待改進，別期望他們握著你的手，看著你的眼睛對你說，「別擔心，一切都會變好。」

腿部手術後的某一天，我一跛一跛地走進醫生診療室，因緊張而緊握著拐杖。雙腿更因疼痛而顫抖，每走一步都好像遭到電擊。「你好像老人喔！」醫生笑著說。拜腿上好長的縫線之賜，害我每走一步都想賴在地板上崩潰，要是他能表示一點點的同情，我想我會好

受一些。然而我們付錢給醫生是為了治療，而不是要他握住我們的手，或者我們的針筒吧！

§

幸運的是在我擁有第一張完善的緊急醫療卡之前，我已在法國平安度過好幾年。某個星期五晚上，我的心臟病發作了。當時，我正準備好要參加感恩節晚餐。因為星期四每個人都有工作，我們這群美國人改在周末慶祝。畢竟，這在巴黎就是一個平常日。（有好多美國人會問我法國人是否慶祝感恩節，我好奇他們怎麼會認為另一個國土上的人會有興趣慶祝「發現新大陸」。）

一整天，我的胸腔劇痛，心臟有灼熱感（這次，我是真的害怕了）。因為我承諾要在死前學好十四種法文動詞時態，在尚未達成目標之前，我真的很擔心最壞的事會發生，我想該去掛急診了。

搬到巴黎後不久，友人路易斯交給我一張小紙條並建議：「大衛，假如你必須去醫院，告訴他們『帶我去美國人醫院』。」既然我是美國人，我理解和自己的同胞待在自己人的醫院的確會比較好。不幸，這家醫院位在塞納河畔的訥伊（Neuilly-sur-Seine），那是巴黎西北郊的市鎮，剛好是距離我這個美國人的住所相距最遠的一端。

死定了！我在這種情況下所做的第一件事跟任何正常人都一樣：打開電腦，最後一次檢查我的信箱。滑鼠點到美國醫院的網站好搜尋說明，好消息是網站上特別註明他們有免費停車場。好了，這下確定了，於是我撥電話給他們。儘管我再怎麼激動，話筒裡的法國女人聽起來永遠是麻木的。她淡定地以標準的法文回答我應該立刻前去就醫。

但是在掛上電話之前，她那不是很輕柔的語調突然變了，她用官腔的英文補充，「我們不是公立醫院，請帶支票或現金。」

我打包好過夜的行李及支票，羅曼和我開始跋涉整座巴黎的旅程。最好的情況是開車大約只花半小時，不過大家一定都在星期五的晚上出門，還是改搭地鐵比較好，只是我行將就木，並不想這最後的時光都待在地面下，忍受擁擠、悶熱的地鐵。

況且還有免費停車場，有誰不哈呢？只是帶著劇烈心跳上路，看見滿街壅塞、停滯不前的交通，確實無法讓我冷靜。從這個交通號誌燈到下一個，車子幾乎不動，巴黎人依舊猛按喇叭，以為所有的車都會趕緊讓開給他過。

突然，身處巴黎的每個人都會遇上的鳥事發生了。我尿急呀，但我不可以讓我媽最擔心的事應驗啊——她的兒子竟然穿著不乾淨的內褲出現在急診室，於是當我發現一間自動廁所，便叫羅曼停車讓我火速奔出雪鐵龍。

什麼！「不能用（HORS SERVICE）」，紅色燈號是這麼寫的。

見鬼了！

我跳回車裡只能雙腿交叉坐著，歹戲拖棚又過了幾條街來到下一間廁所。衝啊，蛤！又不行。吃屎吧（Merde）！

「嗯，我該使用搜尋地圖，還是再找下一間？」邊思考邊在路邊痛苦跳腳，引來當地人側目。我回到車裡想再試試看，第三次終於好運降臨讓我找到一間正常運作的廁所，我媽可以放心了。

我們終於抵達醫院卻發現沒有免費停車場，而且每小時的計價費用嚇得我心臟幾乎停止，還好他們事先要我帶支票，又好在我早在美國已經保了個人健康險。正當我猶豫時，羅曼很訝異地問，「他們難道不賠償你停車費嗎？」（人們不斷問我為何要住在法國。）

出於美國人節儉的美德（得自母親的恩賜），我們另外在街上找停車位。我想我的心臟病是可以等的。

停好車，走進診間等待醫生的同時，羅曼再度受驚，這次是牆上用大大的粗體字標示的價目表。

頭一位出現幫我看診的女醫師就像宣傳上說的是個美國人，在進入嚴肅問題之前，我們用母語打趣話家常。聽不懂英語的羅曼被晾在一旁，好奇我們為何像失散多年的朋友那樣說笑。我猜法國醫生不會這樣和病患一起笑，只會對著病患笑。

女醫師前腳一離開，法籍男護士後腳就跟進，命我解開衣物把我綁縛在沙發上，此時心中竟泛起對舊金山的鄉愁。（眼前這一切正是我的人生嗎？）他從冰箱拿出冰冰、黏黏的東西貼在我赤裸的胸膛和腿上。在轉動一堆旋鈕，接著警鳴消失之後，會說一點點英文的心臟科主治醫生進來了。坦白說，她完全不會說英文，跟所謂號稱的美國醫院有些背道而馳，特別是收費如此高。

她讀著列印出的檢查數據，告訴我一切都好，可能是焦慮引起的問題，我鬆口氣，因為我還能多活好幾年。他們解開我身上的繃帶放我走了。當我撕下手中一大張、金額高到令羅曼的眼珠都快滾出來的帳單，然後交給別人的時候，那位穿著高檔西裝、打著領帶的櫃檯人員也對我的依然健在如釋重負。還好身上帶著支票，不然我也

不確定這家醫院收不收法國人抵債，呼，至少我們已經來了醫院。

§

那次經驗之後又隔數月，醫生建議我如前所述動腿部手術，於是這次我決定要去法國人的地方，也就是法國診所（à la clinique française）。

那天早上我提前到了醫院，聽從指示把肚子到腳趾上的毛刮除，走進我的病房，我的室友正拿著《腐文西密碼》（*Gay Vinci Code*）一書，抬起頭給我一聲大大的「早安！」（Bonjour！）便投入文學世界。他的腿毛也被刮乾淨，當他的鼻子再度離開書本，我們開始交流彼此的脫毛祕訣，我說最糟的地方就是「下面那個地方」會癢，於是他建議我應該使用刮鬍膏代替剃刀，可以防止難免的搔癢。我得承認穿著醫院睡袍，很難不去注意他光潔的腿跟我那又短又硬的腿毛比起來的確是好看多了。即使在醫院，法國人就是看起來比我順眼，這是什麼道理？

在法國醫院又多了一個好處，那便是相關解剖學上的語彙增加，而這對醫護常識來說是有幫助的。舉例來講，假如你用「rognons」來指稱你的「腰子」，整間醫院裡的法國醫生、護士及病友會因為你的笑話狂笑不止。人類的腎臟叫做「reins」，唯有動物的腎才叫「rognons」。光是頸部就有六種不同的單字，端乎你說的是前面、後面，還是整圈脖子。我還知道「les bourses」是指陰囊，也代表法國證券交易所，不過我很想知道兩者之間的差別好避開任何誤會的發生。

我不但知道法國人不會羞於裸體或者其醫院的伙食跟美國一樣糟，

而且還知道後來被我常用且暱稱為同情棍「le bâton de compassion」的好處，也就是我離開醫院後，蹣跚行走所依賴的手杖。儘管我的醫生無法提供太多的協助和安慰（我倒是很想在他遇上股市崩盤時，提供肩膀安慰他），不過行走巴黎有這一杖在手，一切都變了。人們變得超級客氣，就像摩西劈紅海，我能在最擁擠的地鐵或市場叫人群閃開也不會有巴黎人衝出來擋路。宛如置身天堂啊！

幾個星期後，當我能靠著自己在巴黎街頭和人行道上穿梭時，我真恨沒有它。慶幸的是我現在加入了法國醫療系統，要是真的發生什麼事也不用擔心。或許擔心再次得刮除體毛是例外，好在我早有其他的辦法了。

美味巴黎

PAIN D'ÉPICES AU CHOCOLAT
巧克力薑餅蛋糕 (9吋)

薑餅蛋糕填滿蜂蜜和香料，經常是一大塊、有時秤重賣。我做的是非傳統版本，因為這是我自己發明，可以自己做主。我無法抗拒挑戰傳統，在這種蛋糕裡加入一些黑巧克力。別期待一塊輕爽、鬆軟的蛋糕；薑餅蛋糕就是堅實、味道重。這和其他版本有點不同，有更緊密的麵團，以及濃重、全然的巧克力味。我會一連吃好幾塊，配黑咖啡很棒，配幾片新鮮或水煮的梨子也很好。

材料

無鹽奶油切片　**100 克**｜苦甜或半甜巧克力末　**200 克**｜麵粉　**160 克**｜無糖可可粉　**25 克**｜泡打粉（不含鋁較佳）　**1 小匙**｜肉桂粉　**3/4 小匙**｜薑粉　**1/2 小匙**｜丁香粉　**1/2 小匙**｜鹽　**1/4 小匙**｜大茴香　**1/2 小匙**｜常溫雞蛋　**2 顆**｜蛋黃　**2 顆量**｜蜂蜜　**80 克**｜糖　**130 克**

步驟

1. 預熱烤箱至攝氏 180 度。準備一個 9 吋的圓型蛋糕烤盤，在底部抹上奶油；鋪好烘焙紙，在烘焙紙上也抹一些奶油。在烤盤裡撒一些麵粉或可可粉，抖去多餘的粉。

2. 隔水加熱巧克力和奶油，攪拌至均勻。放涼至常溫。

3. 將麵粉、可可粉、泡打粉、肉桂、薑粉、丁香和鹽過篩。加入大茴香。

4. 以直立的電動攪拌機或手持式攪拌機,高速攪拌雞蛋、蛋黃、蜂蜜、糖約 5 分鐘,直到濃稠得像慕絲。

5. 將一半的蛋汁拌入 2. 裡,之後再拌進剩餘的蛋汁。

6. 將乾料拌入,一次只拌入三分之一;用湯匙加入蛋糊,依序拌入,直到混 合均勻。

7. 將蛋糊倒入備好的烤盤內,烤 30 ～ 35 分鐘,直到蛋糕中心差不多已定型, 但仍然濕潤。

8. 從烤箱中取出,放涼 15 分鐘。把蛋糕從烤模裡敲出,放在烤架上待完全冷 卻。用保鮮膜包起來,在常溫下放置 24 小時。

保存方式:妥善包裝,這塊蛋糕在常溫可保鮮約一個星期,冷凍一個月。

我對
法國的矛盾

一九九一年，美國新聞節目〈六十分鐘〉（*60 minutes*）曾播出一則報導；探究為何愛吃營養價值高且油膩食物的法國人，罹患心血管疾病的比例很低，而這也是讓美國人感覺困惑與矛盾的地方。播出之後，其衝擊影響之大竟讓美國本土的紅酒銷售在數週劇增將近百分之五十。

他們罹患心臟疾病的機率或許真的比我們低，但不表示他們能從此免於對心血管健康的擔憂。當美國人總是沒完沒了地發明古怪的節食方法時，法國人一樣也盡量不吃起司或甜點，因為他們怕死膽固醇（le cholestérol）。當法國人得知我不吃降膽固醇藥，多數人大吃一驚。的確，偶然遇見一個不吃任何藥物的人，法國人的反應都是詫異的。這就是法國的住家廁所會成為禁區的另一原因，你想像得到的各種藥丸和藥品都擠放在這裡。

在那次衝向美國醫院急診的驚魂記之後，我的家庭醫生把我轉介給一位法國心臟科大夫再檢查。每當我走進法國的醫生診療室時，那裡永遠是一片漆黑，我必須瞇著眼才能看清楚，連同這位心臟科大夫的診間也不例外。法國人似乎習慣待在暗處，或許這也能解釋那些昂貴的眼鏡店為何會增加這麼多，一得知有店面空出，竟和法國銀行競相爭奪進駐。

脫去衣服準備照心電圖，我用感覺的方式邊躺到診療桌上，邊擔心等會要怎麼找到我的衣服。（現在我知道為何每個人都穿上有反光貼片的衣服。）醫生板著臉在我身上接上電極板，電線連到儀器發出嗶聲，屏幕則顯示我心電變化的畫面。結束後，他看著列印報告不情願地點著頭表示我一切都還好；於是我跳下桌子，摸索著找出衣物穿上。回到他的辦公桌，我就在他桌前入坐，他開始問起我的健康和生活方式。

「您平常有運動習慣嗎？」他問。

「當然有！」我告訴他，「我每週做三或四次瑜伽。」

「瑜伽？」他遲疑地退後，「那不是運動，是哲學！」

雖然他本人看起來不像是對運動很瞭解，我還是假定他可能說得對。當我倒立，以顫抖的手臂及背部肌肉來支撐身體重量時，我真的會問自己星期六的晚上幹嘛吃那麼多塊入口即化的鵝肝，還配上超好喝的 Sauternes 甜白酒；或者為何我就是不能在午餐後，對黑巧克力蛋糕加一球香草冰淇淋說不。

他又問我的飲食方式。我深吸了一口氣，除了偶爾會讓自己放縱一下，我平常都吃得很健康。如果外出用餐，我喜歡點牛排，在家吃就多半是像豬和家禽類等瘦肉。我絕不吃烏賊，但會吃大量的新鮮蔬果。用完晚餐，通常會在甜點之前咬一口起司。（不知為何，我忘了提到我隨時會從儲物櫃裡順手拿幾塊巧克力金幣吃。）

此刻，醫生開始批評美國人為什麼都很胖：「你們美國人的基因組合裡有某些致胖因素。不確定那是什麼，但你們天生就是如此，美國人就是容易胖。」

即便室內燈光昏暗，我依舊能辨析出這位身軀龐大的法國人，他的腰圍至少比我這個美國人粗三倍。我不動聲色，兀自點頭表示贊同並且感謝他在飲食及運動上的教誨。我是很想回報他並且交流一些想法，但是我早學會了有節奏的點頭贊成，管他是不是醫生，都讓法國人盡情地說完他的評論，這樣會比較輕鬆。

法國有許多事情似乎都不合理：明明吧檯後面排著一堆礦泉水，侍

者仍然拒絕提供；銀行出納員會告訴你當天沒有零錢；或者為什麼在地鐵裡可以把手指插進鼻孔，卻不能把三明治塞進嘴裡。

我正學著別被這些悖論困擾，因為我不需要任何節食或運動的建議，尤其是來自一位大我兩倍噸位的意見。另外，我關心我的視力，不過至少我知道巴黎有好多很棒的眼鏡行，總有一天會需要它們。我只是擔心哪天到銀行要領錢買眼鏡的時候，他們會告訴我現金已經被提完了，而每個人也都清楚壓力對心臟而言並不是件好事。

美味巴黎

TAPENADE AUX FIGUES
普羅旺斯酸豆橄欖醬（6～8人份）

取悅巴黎人壓力很大。

他們限定客人至少得遲到二十分鐘，讓主人有時間做最後的整理或準備，他們認為這是禮節。但我有一些朋友認為遲到一小時或更久，根本沒什麼。這實在令人更加心煩氣躁，因為這樣一來，實在很難抓時間。

為了配合這些遲到的人，巴黎人發明了開胃時間（l'heure de l'apero），這是和賓客約好的時間，以及他們實際抵達的時間中間的空檔。主人準備一些可以開胃的小菜，幸好，大部分的調味醬汁和抹醬都可事先做好，讓心急如焚的主人可以和朋友小飲一杯。

我最想塞進我巴黎的廚房的「傢私」之一，就是那棒得不得了的普羅旺斯杵與臼。我似乎不是唯一想要擁有它的人：我到巴黎四處尋尋覓覓，如果你夠幸運找到一個，很可能得花費幾百歐。灰心喪志之餘，我生悶氣好幾個月，直到我在巴黎第十三區，也就是巴黎的唐人街找到，不到十五歐元。沒什麼好抱怨的了，除了得在交通尖峰時刻搭地鐵把它拖回家。

我選用的是黑色的卡拉馬塔橄欖或尼翁橄欖，是從我的朋友雅克那裡拿的，你可以在普羅旺斯 Richard Lenoir 市集找到他的攤位 Le Soleil Provençal。他有來自普羅旺斯最好、最大顆的橄欖，是我在普羅旺斯以外吃過最好吃的。

我最喜歡凱莉·布朗的酸豆橄欖醬作法，她用的是無花果乾，這意味著比較少氣泡，也降低一些橄欖醬的鹹味。我喜歡橄欖醬配皮塔麵包刷香油烤脆。冰涼的桃紅葡萄酒（Rosé）或橙酒（vin d'orange）也是不錯的配酒。

美味巴黎

材料

乾紫無花果（**Black Mission figs**）　85 克（去蒂，切成四瓣）
水　250 毫升｜黑橄欖　170 克（浸泡、去籽）｜大蒜　1 瓣（去皮）｜
刺山柑　2 小匙（沖洗並瀝乾）｜魚　2 片（見大廚的私房筆記）｜芥末
籽醬　2 小匙｜新鮮迷迭香或百里香末　1 小匙｜檸檬汁　1 1/2 大匙｜
特級初榨橄欖油　60 毫升｜粗鹽和現磨黑胡椒

步驟

1.　在小鍋裡加水，蓋子微開，用小火煮 10～20 分鐘無花果，直到軟透。瀝乾。

2.　如果有杵臼，將大蒜、橄欖、酸豆、鳳尾魚、芥末籽醬和迷迭香一起搗碎。
　　（有時我先磨橄欖，因為接下來會愈來愈容易。）加進無花果。打碎後，
　　加入檸檬汁和橄欖油攪拌均勻。用鹽和胡椒調味。

3.　如果使用食物處理器，一起拌入橄欖、無花果、大蒜、刺山柑、鯷魚、芥
　　末籽醬、迷迭香和檸檬汁，使之更黏稠。攪拌均勻時，再加入橄欖油。不
　　要攪太細，好的橄欖醬應該是有些粗粒。如果需要，可加入鹽和胡椒調味。

盛盤：可和烤皮塔麵包（食譜見下）或餅乾一起食用，或沾烤雞胸肉或鮪魚排
當主菜。

保存方式：橄欖醬最多可以提前兩週做好，存放在冰箱。事實上，做好至少放
一天會更入味好吃。

美味巴黎

大廚私房筆記

如果你不喜歡鳳尾魚,下次去法國試試法國科利尤爾(Callioure)的鳳尾魚;
這是位在地中海的小島,鳳尾魚很有名。油或鹽漬過的兩者都好用,如果買到
鹽醃鳳尾魚,可浸泡在溫水中約 10 分鐘,再用清水沖洗,用大拇指搓出魚骨。
如果你還是不喜歡,那就略過不要用。

美味巴黎

PAIN LIBANAIS GRILLE
烤皮塔麵包 (2 餐份)

所有巴黎的阿拉伯市場都有賣圓滾滾的皮塔麵包，有時也被稱為黎巴嫩麵包。這裡的皮塔麵包較薄，更細緻；如果切成三角形放進烤箱，搭配不同抹醬，會更酥脆美味。不論你找到的皮塔麵包是薄是厚，最重要的事情是把這些三角麵包烤得金黃酥脆，沒有任何地方的人喜歡一個濕答答的麵餅。

可用一般或全麥的皮塔，並任意添加一些香草在油醬裡。切碎的牛至或百里香（新鮮或乾燥皆可），一些辣椒粉，或者添加一些 za'atar——含香草、芝麻和鹽的混合香料，所有阿拉伯香料市場賣的都是預拌好的。

材料

全麥或一般皮塔圓餅｜橄欖油｜粗鹽（以上皆適量）

步驟

1. 預熱烤箱至攝氏 190 度。

2. 用橄欖油刷皮塔麵包雙面，但不要多到滴油。每片皮塔約需約一大匙油。

3. 視皮塔麵包的大小與個人喜好，將它切成六個或八個等分的三角形。把它們排在烤盤上，不要相疊，撒上鹽，烤 8 ～ 10 分鐘，中途翻面一下，讓三角形金黃酥脆。如果麵包很厚，要快速翻面確保它們都烤脆。冷卻後方可食用。皮塔薄片可提前一天或兩天製作，並常溫儲存於密閉容器中。

混亂

既然每個人都會問，我乾脆就讓大家都知道：「我不曉得會在巴黎住多久。」我早就在幾年前把回程機票丟了，只要我能忍受每年一次簽證審訊時的差辱，我想待多久就多久。

如果你們真的想知道，倒是有件事常讓我想離開；那會阻擾我在巴黎追逐夢想，有時候我會悶在公寓裡，足不出戶也是因為它。萬不得已出門也一定迅速辦完事，然後直接回家。

這個讓我經常為那張尚未被使用即被丟棄的機票感到惋惜的理由就是混亂（les bousculeurs）。

巴黎是一座「bousculeurs」的城市，沒什麼人知道這個字，所以假定這是我編造的法文單字（我向來有這種癖好），直到我從法文字典裡找到這個動詞「bousculer」；意義介於「boursoufler」等於英文的吹噓、膨脹（bloat），以及有牛糞之意的「bouse」之間。

Bousculer: pousser brusquement en tous sens.
意外地全面打亂、推翻。

一開始我以為那是特別用在法國人的措詞，搬到異鄉，自然會看見街道和人行道上的節奏和人流不再是我所熟悉。巴黎要比美國絕大多數的城市來得緊湊，空間因為稀少而昂貴，很容易撞到路人。我是這麼想的，於是我去到法國的第二大城里昂，移動如駕馭輕風般的輕鬆，沒有人會當作沒看見就撞上我。

因此當人們對我說：「住在巴黎一定很有趣！你整天都在做什麼？」我不認為「躲人」這樣的回答是他們想聽到的，偏偏這是真的。你知道有種呆頭鵝，他站在你前面，比你早離開手扶梯卻擋在樓梯口左顧右盼，毫不在乎別人是否要過嗎？想像一下，和兩百萬這副德性、只想著自己的人住在一起，你就能體會我在這裡的情形。

只是到麵包店這麼短的距離，卻變成討厭的人體彈珠遊戲，一路上迎面而來的人群害我左閃右躲。誰先動？假如我躲往右邊，他們就跟我同一邊；轉向左邊，他們突然又跟我想得一樣。有時候我會跟他們玩心理戰，先假裝要往這邊，在最後一秒又意外地切過另一邊。不過他們也不是省油的燈，總在最後幾分鐘才發現是原來自己退讓了。這是既費力又丟臉的事，我確實就遇見一對情侶在人行道上阻礙我的去路，害我掉進水溝還取笑我的慘狀。

有時候對上迎面而來的人，我會躲在那些無法移動、巴黎人戲稱為bittes（男性生殖器）的交通路障後面。其他時候我會背靠著石牆，就站在那裡觀察他們的下一步，你信不信巴黎人會逕自走向我並希望我移動。這就好像權力秀，我相信假若我在路上昏倒，他們也會停在我面前等我醒來之後好自動離開，別擋住他要走的路。

§

這種狀況只有一個好處，正好也替我回答了人們常問我的問題，「你吃巧克力、又吃甜點，怎麼還這麼瘦？」這很容易解釋；為了躲開其他人，原本可以直達的路程被我增加兩倍，得多走幾步才到達。

巴黎人有個明顯的缺失，他們是自私的。假如你急著找紙筆寫信來罵我就免了。以下是土生土長的巴黎人羅曼的自述：「巴黎人很討厭，他們心裡只想到自己，根本沒有別人。他們非常、非常的無禮（They're très très impolis）。」這是我所認識最典型的巴黎人親口說的。我的記者朋友，茱麗・蓋茲拉福（Julie Getzlaff）曾訪問巴黎人對巴黎最厭惡的地方，而幾乎每個人的回答都跟「人的行為（Le comportement des gens）」有關，連巴黎人都形容自己既「不可愛」又

「粗魯」。

沒多久，我得到的結論就是我錯了，我沒有弄對方向。我曾在狹窄的廚房、擁擠的人群中工作二十年，向來是遊刃有餘；我們每個人可是手拿銳利的刀具，邊閃避燒燙的鍋子邊在廚房裡穿梭、忙碌著，可是我有撞到人嗎？完全沒有。

有些事我老是理不清也受夠總是輸掉這種都市版騎馬打仗，我只好試著找出可能的理由來解釋他們的行為。

巴黎的路多半是彎的，所以你不能期望巴黎人走直線。他們可沒經過良好的訓練。

真的，雖然我高中曾因為幾何學在班上吊車尾而放棄它，但我還記得歐基里得平行線定律，就是平行線絕不會交叉。歐基里得本人沒走過巴黎真是太可惜了，但或許他真的走過，因為受不了而在這原理被發明之前就溜了。

因為他們認為，「我們是拉丁文化耶。」

錯。這是他們想為自己的行為脫罪，從插隊、少找零錢，到公然撒尿。我不懂這跟所謂「拉丁文化」有何關聯，但幸好我不住在拉丁區，否則我可能飢餓、貧窮，還會踩到許多危險的水坑上。

巴黎人忙著思考重要、有趣的事情，以致於無法想著要去的地方。

對也不對。前經濟部長克里斯蒂娜‧拉加德（Christine Lagarde）就曾建議法國人應該「別想太多」，想必是試圖激勵人們起而行動。（或許她跟我一樣都遇見同一位油漆工。）嗯，我想許多巴黎

人都不買單，因為在她宣導之後也不見任何成效。

如果巴黎人真的想太多，顯然也不會想著要去的地方。

§

我開始對於「bousculeur」產生疑惑是在某個早晨。一早我從公寓趕著出門，從木頭大門衝往人多的步道上，突然撞上一位婦女，結果她竟然往後退並向我道歉！「先生，對不起。」我當時的反應是「好奇怪喔！」不，這不是因為巴黎人竟然會為自己的疏失接受譴責，反倒是因為我撞到她，她卻跟我道歉而令我訝異。或許我得試著改走不同的方向吧！

我突然想起在巴黎上第一堂駕訓課時的驚慌。我在內心的某個角落理出一張創傷清單：失去夥伴、離婚、被炒魷魚，還有搬家。這些都在前十名內，然而開車這件事卻不在名單內，也讓我好生奇怪。

一張冷酷、滿臉盡是鬍髭，帶著墨鏡、叼根菸坐在乘客座上的羅曼正是我的駕駛教練。

坐在手剎車另一側的我卻是手忙腳亂，雙手因為緊抓方向盤而指節泛白，身體僵直，臉只能盯著眼前的擋風玻璃不動。假如你在巴黎開車，遇到紅燈轉綠燈卻沒能及時向前駛，就算差十億分之一秒，你後頭的車子還是會猛按喇叭催你。於是當我踩油門加速上路，赫然發現自己初次身陷巴黎圓形廣場（Rond-point），這個圓環繞著熱鬧的巴士底廣場，慘劇緊接著發生。車子從四面八方過來，喇叭、煞車轉向的聲音紛紛對著我鳴放，毫無章法地在我行經的路上四竄。

我穩坐駕駛座玩著停停走走的遊戲，對總是以最高車速行駛的玩咖來說，這個遊戲規則似乎是卡進跟另一輛車只有一毫米的車距間，在千鈞一髮之際急踩煞車、暫停然後按喇叭。直到我從另一側鑽出來時，我終於明白何以這裡人人都抽菸，這時我也需要來一根。

在巴黎，任何事都能在方向盤後發生；不像美國，人們並不在乎你開車時幹了什麼意想不到的蠢事，因為在美國搶車道而犯眾怒（road rage）是該罰的。只要你不是邊開車邊喝咖啡（這可是前所未聞），或者講手機（這是違法的），你在法國開車將是隨心所欲。羅曼警告我，「那是非常、非常危險的。」不過他似乎就沒想過當車子行駛在三線道的時候，把眼睛挪開三十秒只為了要在後座的外套口袋裡搜出打火機可能帶來的危險。此刻我也只能默默禱告，感謝上帝我有法國健保。

§

於是，我學著用新的觀點來看巴黎。這跟你做對的事好讓交通順暢無關，重點是讓你自己好過。我曾試著對巴黎人解釋：「別塞住路口定律」（這違反了燈號改變後即阻塞路口的原則），而他們把我當成瘋子看，我知道他們一定想說：「你若不阻斷車流，那要如何開到其他人前面？」

你也無法採線性思考（這不只適用於走路），巴黎不像其他多數的大城市為格狀結構，需要更多的領悟去規避線性模式。回到西元一八五〇年，拜倫・奧斯曼（Baron Haussmann）重新規劃巴黎，試圖開闢大馬路成為輻射狀的街道網絡。不過一百五十年後的今天，要是你跟巴黎人提起這件事，他們還真的會不高興，因為他們就是拒絕被趕進直線裡。

我說不過他們只好放棄了，我是不可能改變兩百萬人的。他們贏了，而我也毫無後援只好加入其中變成一分子，因為我不想為了把「人行道憤怒」（sidewalk rage）這樣的詞彙加入法文裡而負責。

現在我絕對不會為了任何人倒車，向來如此。就算你這樣做，也不會得到任何尊重。不過，回到美國就必須留意；我一直有個盲點，就是在某些情況下我會期望別人移動，為此我必須道歉並且退讓。基於安全——尤其是我的安全——我很高興我還沒完全忘記這點。我不知道我的保險是否包括人在海外的斷鼻風險，而我也不急著要查明這點。

美味巴黎

SALADE DE TOMATES AU PAIN AU LEVAIN
番茄沙拉搭天然酵母麵包 (8人份)

我住巴黎的主要原因是可以在任何時間去逛普瓦蘭麵包店（Poilâne）。巴黎所有的麵包店裡，這家肯定最有名，如果我有勇氣擠進巴黎左岸的人行道，我就可以得到從麵包店架上大塊麵包切下來的天然酵母麵包作為獎勵；這麵包世界出名，發散著當地的氣息，上面還印著一個斜體的 P。

因為我是常客，他們經常邀請我到樓下看正在生火運轉的烤爐。我下樓前，結帳的店員總是會對麵包師大聲碎碎念一句話。好幾年來，我不知道他們在說什麼。直到有一次我走下石階梯的步伐有點快，結果發現一位只穿著破棉短褲的年輕人正急急忙忙把 T 恤套上頭，我才豁然明白，原來那位女店員喊的是：「Habillez-vous!（把衣服穿上！）」

如果你有機會被邀請下樓，走快一點。烤箱裡正烘烤著巨型麵包很有看頭，但裡面還有別的東西更吸睛呢。

材料

約 3 公分厚撕片的天然酵母麵包　750 克
第戎芥末醬　1 小匙｜粗鹽　1 1/4 小匙｜現磨黑胡椒粉｜蒜末　2 ～ 3
瓣量｜紅酒醋　90 毫升｜特級初榨橄欖油　160 毫升｜中型番茄　8 顆
（750 克）｜大黃瓜　1 根（去皮，縱向對切，去籽）｜去核黑橄欖
150 克（我喜歡卡拉馬塔黑橄欖）｜紅洋蔥　1 顆（去皮切塊）｜新鮮羅
勒、薄荷、平葉歐芹末　各 80 克｜羊奶起司　250 克

美味巴黎

步驟

1. 預熱烤箱至攝氏 200 度。將麵包片平放在烤盤上，烤約 15 分鐘，至麵包呈深金黃色，烘烤時翻動一或二次。靜置冷卻。

2. 放入芥末醬、鹽、適量胡椒粉、大蒜、醋和橄欖油，攪拌均勻。

3. 番茄去蒂，切半，並擠出番茄汁。番茄切 3 公分小塊，黃瓜切成 2 公分小塊。

4. 將番茄和黃瓜加入碗裡的醬料中。再混入橄欖、洋蔥和香料，均勻翻動。可依口味加入適當的鹽、油和醋。（我喜歡這個沙拉多點醋的酸味，但你可以視喜好使用多一點的橄欖油。）

5. 將羊奶起司分成大塊，撒在沙拉上，簡單翻動。靜置 1～2 小時後即可食用。

盛盤：有些人喜歡麵包沙拉做好後立即食用，有些人喜歡讓它靜置一會兒。不管你選擇哪一種，我認為當天食用最好。

美味巴黎

MACARONS AU CHOCOLAT
巧克力馬卡龍（15片）

由於很少巴黎人喜歡花生醬，我無法想像花生夾心餅乾在這裡會賣得好。但無疑他們很愛餅乾夾黑巧克力。

任何認真尋找巧克力的人，最終會來到 Ladurée 朝聖。這是世界知名的茶館，座落在 Madeleine 廣場旁。貼著窗戶，你會發現每個來到這裡的人，從遊客到忙裡偷閒的巴黎人都專注地看著這個月主打什麼特色口味。希望有一天，我能看到花生巧克力口味——但我不會太期待。不過，能帶走一小盒苦巧克力，還是讓我心滿意足，這是他們著名的巧克力馬卡龍裡最黑的一種。

很多人不知道，這家別緻的茶館是巴黎第一個開放給女性獨自與朋友前來，不需男伴同行的飲料店，且不會被認為是「行為不檢」或「廉價」。現在這裡唯一散賣的東西就是馬卡龍，依口味一字排開，由銷售人員以極純熟的動作放進格子盒裡包裝。

材料

【餅乾】

糖粉　100 克｜無糖可可粉　25 克｜常溫蛋白　2 顆量｜砂糖　65 克｜杏仁粉　1/2 杯（約 55 克切片杏仁，壓碎，見大廚的私房筆記）

美味巴黎

【巧克力餡】

鮮奶油　125 毫升｜玉米淡味糖漿　2 小匙｜苦樂參半或半甜巧克力碎片
120 克｜有鹽或無鹽奶油切小塊　15 克

步驟

1. 預熱烤箱至攝氏 190 度。在兩個長型烤盤上鋪好烘焙紙，備好一個 2 公分
   開口擠花袋。

2. 準備做餅乾時，將糖粉、可可，以及杏仁片或粉，放到攪拌器攪拌，直到
   沒有塊狀，所有乾料都呈細粉狀。

3. 打發蛋白，慢慢打入砂糖，直到乾性發泡，約 2 分鐘。

4. 用橡膠刮刀小心地分兩至三批將乾料拌進打好的蛋白。混合均勻後，將麵
   糊刮進擠花袋。

5. 將麵糊擠在烤盤上，每個圓直徑 3 公分，均勻間隔 3 公分。敲打烤盤幾次，
   讓餅乾攤平，烤 15 ～ 18 分鐘，直到看起來略顯堅挺。靜置至完全冷卻。

6. 準備巧克力餡時，加熱奶油和玉米糖漿。當鍋緣的奶油剛開始沸騰，移開
   火源，加入巧克力。靜置 1 分鐘，攪拌均勻，再拌入奶油。冷卻至常溫後
   方可使用。

7. 把一些巧克力餡塗在餅乾平的那一面，再用另一塊餅乾夾起。我通常會讓
   餡多到滿出來，但你可以不用這麼大方，可能不會用完全部的巧克力餡。

盛盤：讓馬卡龍在常溫的密封罐裡至少靜置一天，以便讓味道融合。

美味巴黎

保存方式：存放在密封容器可保存至多五天，或冷凍儲存。如果將馬卡龍冷凍，解凍時要放在密封的容器中，以避免水汽凝結，會讓馬卡龍變得濕答答的。

大廚私房筆記

杏仁片或市售杏仁粉可能還是太粗，建議再度自行研磨，確保夠細緻。

巴黎的每件事物之所以存在都有特別的目的，即便我還未找到自己的定位。

每一教堂、馬路、街燈、紀念碑、百貨公司、橋梁、甜品店、公園長椅、咖啡桌、水溝蓋、醫院和垃圾桶——每一樣都經過深思熟慮而被小心安置。有一組三十人的團隊，每晚在黑夜的掩護下出動，不斷為巴黎及其文化遺址調整、聚焦光源，好讓巴黎的夜景閃爍綺麗的光輝。清潔工用來掃街的萊姆綠掃帚，其造型更勝效能。還有，你看不見任何無聊、吃著油炸餅的警察，他們可都是身穿體面的制服。有時候看見他們，我都覺得有些不好意思；從來都不敢想像遇見比我還高格調的波麗士大人是什麼感覺。

當然，巴黎的美食也令人激賞；櫥窗裡擺滿膨鬆、發酵的布里歐，小巧方形的法式水果軟糖，一排排的巧克力製品，像是甘納許和巧克力焦糖慕斯。露天市場上有成串露濕的葡萄、紅寶石般多汁的草莓，還有成堆沉甸甸、新鮮的布爾拉甜櫻桃（burlat），每一樣都在向人們招手，乞求把它們統統帶回家。還有還有，一箱箱來自普羅旺斯、陽光下生長的新鮮杏桃，亮橘色的外皮保證鮮甜多汁；或者是嬌小甜美的黃香李，讓你迫不及待想買回家，熬煮出最好吃的果醬，這些全都看來如此誘人，不是嗎？

不過，「ne touchez pas!」千萬別碰它們！

§

這裡的每件事物都安排得剛剛好，而且得費好大的勁確保它們保持原樣，所以把你的髒手拿開。

在櫥窗設計是一門藝術的城市裡，你會在半成品的櫥窗中發現一張道歉字條，寫著：「抱歉，櫥窗正在布置中。」（Excusez-nous, vitrine en cours de réalisation——這也是規避法律要求店家於櫥窗中標示價格的訣竅。）

記得第一次來巴黎旅行時，我發現店家櫥窗掛著一件好看的 T 恤，於是我走進去試穿。在鏡前展示一會後，我跟銷售生表示喜歡但需要再考慮。「為什麼呢，先生？你穿起來真的很好看耶！」她說得對，真的好看。既然她特地將 T 恤從櫥窗小心翼翼地拿出來並且攤開，而我也花時間試穿了，她就是不懂我為何不買，我真是尷尬到不行，只好迅速離開現場。

從此我知道了，一旦你碰了任何東西就幾乎等同購買，所以留意你的手放在哪裡。不管是一般的橘子還是橘色的凱莉包，一旦你動了下一步便沒完沒了。警告那些不願承諾的人：如果你不想惹麻煩，請管好自己的手，如同多數的關係裡，事情一進展到某種程度，硬ㄠ也沒有用，你的人生將動彈不得。

§

在巴黎沒有所謂「顧客至上」，也沒有任何「服務顧客」的觀念，有太多抱怨可證。如果我必須向商家要求服務，我會先在家中花時間練習，記下要說的話，偶爾會作筆記，查詢任何想到的特別單字直到一切準備就緒。

我幾乎沒能講贏不讓我退換破冰淇淋勺的銷售人員，因為我已經草率地打開包裝並使用。我乞求並試著說服她：我若是沒打開來使用，我又怎麼知道它是壞的，但是她不能理解。

於是我改變策略，在我起身跟她表明冰淇淋師傅的身分後，她要不是覺得抱歉就是因為我的職業而改觀，當下就拿出新的給我。

（唉！這個新的，我才剛用又壞了。從此我學會為了保護我脆弱的理智，東西壞了最好就丟，到別處再買新的唄！）

既然沒人有義務幫你，你就需要證明自己值得受到注意。在法國，想開除一個人幾乎不可能，那麼他們為何就該幫你呢？你得讓他們想來幫你，相信我這是值得的。當法國人的服務是針對你的時候，的確有某些很棒的事值得被表揚。

你信不信，大部分的法國人都熱心助人。許多店主和商人自豪於各自提供的商品，但他們將市場視為一種文化禁忌，如果他們真想推銷商品反而會遭來非議，覺得怪異或認為太商業化（我也聽過這樣的行為被形容為太美國化）。送試用品是粗俗的，如果你來自資本主義的國家，你必須忘掉商人都想賺錢這件事。在這裡，如果賣家擁有優良的商品，還要看顧客夠不夠資格買他的東西，買賣不成比不上尊嚴的喪失。

要獲得好的服務得拿出完美的表現，禮貌中帶點諂媚。首先，進入店裡要適當地打聲招呼——「日安，女士」或者「日安，先生」。不管我在尋找的商品是什麼，一條巧克力或一塊香皂都好，我都要帶著謹慎又鄙視的態度來考慮——好像我在懷疑這香皂是否適合我的皮膚。這會使店員保持高度警覺，你就達到目的了。還有，在沒有事先獲准前，我絕對不碰觸任何東西，管它是番茄、巧克力、花、襯衫、麵包、肥皂、報紙、西裝、桃子，或是鞋帶。

最麻煩的文化分歧就發生在起司店（La fromagerie），講白一點就

是：他們幹嘛不讓人試吃？

美國的起司店沒有一家在你確定要買之前不鼓勵你試吃的。不論是購物中心或山胡桃農場（Hickory Farms）所提供，將表面鋪滿碎胡桃的起司球切成一小口試吃；或是在舊金山，吃到「女牛仔乳品廠」（Cowgirl Creamery）削成薄片的紅鶯（Red Hawk）起司。我們早就被寵壞了——有些人還認為這是權益——先吃吃看再決定，把時間都耗在上面，愛吃多少就多少。

巴黎店家很少提供試吃，這點讓訪客大失所望。（過去我經常認為他們很小氣，直到我差點在巴黎的巧克力沙龍被擠死，所以現在我不怪他們了。）你被期望聽從賣起司的意見，他們可是這方面的專家，所建議的起司會讓你滿意的。他們內行到能從你回答他們的問題中推敲出——像是何時該給你想要的或在最想要的出現前，該給你試吃哪些起司——什麼樣的起司最適合你。你應該相信他們的判斷，買下他們給予的建議。雖然這聽起來很奇怪，不過我在居住巴黎的這段期間，從來沒有出錯。祕訣就是信賴你的起司專員，忠誠是會有回報的。

茱莉雅・柴爾德曾在《我在法國的歲月》中寫道：「走進小吃攤的食客若是心裡老想著不要受騙，店員會感覺得到，而且還會用很親切的方式來騙他；相反地，法國人若是感覺到客人是開心的，而且對每件商品興致勃勃，他一定會心花怒放地接待你。」

我帶著客人逛市集時，站在盛開的花叢及店員間，客人一定會問：「他們怎麼沒給試吃？如果這樣做，他們不就能賣更多起司？」「他們才不在乎呢，不重要。」他們完全不能理解我的回答，這同樣也是我搬到這裡之前總是傷腦筋的一件事。而現在，一切都變得非常

合理。

意外地，在聖路易島（Île Saint-Louis）有位店員獨自站在店門外提供試吃。即便平日安靜的聖路易島，每逢周日下午遊客便蜂擁而至，他就在那兒手捧著一大盤起司——老天！——都是免費耶！我做了一項不科學的測驗，凡試吃過的民眾，幾乎全進店裡購買。在我試吃了一口好吃到讓人仰望天空讚嘆的孔泰起司之後，我也買下厚厚的一大塊回家。

或許這是巴黎未來的趨勢，市場這個觀念在這裡畢竟還很新，不過也開始起步。一所「商業」語言學校的招生簡章被貼滿巴黎大街小巷，簡章上年輕、朝氣的法國人在空氣中握拳的手勢再搭配著標語，「是的，我說華爾街英語！」他們也許正昇向天空卻不是真正觸摸到，這點他們更清楚，畢竟這裡還是巴黎。

美味巴黎

CAKE AUX LARDONS ET FROMAGE BLEU
培根藍起司蛋糕 (9吋)

在我看來，法國人並不特別擅長料理美食。不知為什麼，我在法國所做的實驗性料理，多數被評為珍饈或精心製作。別要我開始談那種在方型盤的一角淋上一道醬料，在另一角撒上一些茴香粉的那種法國美食。

倒是有一道我特別喜歡的點心，叫做 le cake（發音為「KEK」）。與它在美國的同輩不同，它們這些香味四溢的速成麵包通常擔任晚餐前的開胃小菜，切成薄片，配上清涼的 Muscadet 白酒或一杯爽口的白蘇維儂。午後，我啃一兩片當作點心。

兩個小撇步：為了使藍起司更容易剝開，可提前一天打開放在盤子裡置於冰箱。第二個技巧是，把培根的肥肉留著讓鍋子沾油，這會讓蛋糕更有煙燻的香味。

材料

麵粉　210 克｜泡打粉（無鋁較佳）　2 小匙｜辣椒粉　1 小匙｜鹽 1/2 小匙｜常溫雞蛋　4 顆｜橄欖油（如果可能的話，使用有水果香味的）　60 毫升｜純全脂優格　120 克｜第戎芥末醬　1 1/2 小匙｜韭菜末 1/2 小把量或青蔥末｜藍起司或羅克福起司（Roquefort），壓碎　140 克｜巴馬乾酪粉　60 克｜培根　8 條（約 150 克）

步驟

1. 烤箱預熱至攝氏 180 度。將 9 吋的長型模塗上奶油，在底部鋪上烘焙紙。

2. 將麵粉、泡打粉、辣椒粉和鹽攪拌均勻。

3. 在另一個碗裡，將雞蛋、橄欖油、優格、第戎芥末、韭菜一起攪拌均勻。

4. 在 2. 中間挖一個洞，用橡膠鍋鏟拌入 3.，攪拌直到濕材料幾乎融合。（應該仍然可見一些麵粉。）不要過度攪拌。

5. 拌入藍起司、乾酪和培根，直到全都沾濕。將麵糊刮進準備好的長型模。

6. 烘烤 50 ～ 60 分鐘，直到頂部是金黃色，當你輕輕觸摸蛋糕中心時，它會彈起。

7. 讓蛋糕自然冷卻 5 分鐘，斜放在鐵架上。撕開烘焙紙，自然冷卻再切片。

保存方式：蛋糕可以用保鮮膜包裹，常溫保存三天。它也可以包裹後冷凍，保存最多兩個月。

變化方式：若要製作橄欖羊起司蛋糕，只要把藍起司替換成 170 克剝碎的山羊起司，如 Bucheron（法式羊奶起司）或 Montrachet，或其他既不過太老也不能軟的起司，並省略培根和第戎芥末。在步驟 5 加入 140 克切碎的去核綠橄欖或黑橄欖。

我的
鐘點女傭

住的公寓雖小，我卻不擅長維持；生活和工作都在同個空間裡，維持整潔和有條理的環境是必要的，但也許你不信，我是寧可花時間烤布朗尼也不想費力刷洗水槽的人。

珍娜是我的管家，每隔一週就來打掃我的住所（但不包括那十一週的暑假）。我們第一次見面，她大步跨過前門來面試，隨即開口說：「Je ne suis pas une voleuse, monsieur.」——「先生，我不是賊。」從她的穿著看來我同意她的說法，她甚至穿得比我好。

她在頸部完美地繫上一條絲質圍巾，踩著真皮淺口高跟鞋，優雅地走進我家，步態婀娜間流動著花香調、旋律輕快的法國香水，被造型噴霧定型的頭髮連掃過普羅旺斯的密斯脫拉強風（Mistral）都無法吹亂絲毫。來自舊金山的我摸了一下自己的喉結，是的，一切都是真的，珍娜是活生生的人。

為了不讓你產生太過美好的聯想，誤會珍娜是個優雅又甜美的可人兒，我們再重新來過；她來打掃我家的初回，便踢開昂貴的高跟鞋，換上拖鞋要找 Eau de Javel 漂白水，這可是從西元一七八九年至今一直廣受法國人喜愛，全世界都熱銷的品牌。事實上，法國人還因有以 Javel 命名的地鐵站而感到驕傲自喜，想像自己所在的城市有一個叫做「漂白水」的地鐵站，會是什麼情景呢！這是我在巴黎少數沒去過的地鐵站之一，但我猜它會是最乾淨的站。

我的公寓基本上就兩個小房間，整理起來應該很簡單，珍娜初次見面卻說要兩個小時那麼久，但一想到我必須花兩個星期，耗費精力和我那吸塵器的管線纏鬥（我在巴黎總是試著尋找比使用吸塵器更有趣的事做），也只好隨她，趁她清掃的期間我出門看電影去了。

看完電影，兩個小時已過，我想她也應該已結束回家。不料當我將鑰匙插進門鎖，門隨即轉開，她竟然還在房內，漫步漂白水煙霧繚繞之中！雖然早過了預計離開的時間，她還是很認真地、瘋狂似地擦拭傳真機鈕……只是，廚房或臥室還沒清啊！

我試著不去妨礙她，在房裡閒晃等她結束就跟她提議，下次最好先從臥室和廚房這類的「重點區域」著手，別再細究傳真機了。珍娜穿回高跟鞋，將塑膠手套整齊折疊，從她抵達到離開整整待了四個鐘頭之久。

從相遇到今天已有數年交情，珍娜早成為我生活中不可或缺的人物，我們熟到我對她的稱呼從「您（vous）」變成「你（tu）」這樣友好的稱呼。雖然她還是用「您」來叫我，但我想她和我相處是舒服自在的，因為她每次來總是仔細端詳我好久才表明她擔憂我的健康；她帶回一份診斷書，邊告訴我該多吃些紅肉，邊以拳頭猛力揮擊空氣。我想跟她道謝並且問她現在可否先清洗廁所呢？不過我擔心她那修剪好的右手指甲會戳到我，所以一個字也不敢提。

我終於讓她在三小時之內清完我那個小地方，這是我花了數年時間才達成的功績。我無法當場叫她離開，只好每次對她的停留假裝吃驚，期望她能聽懂暗示。那是我坐著讀完《戰爭與和平》，之後到某個地方喝杯小酒，然後在寒雨中漫遊出神，直到我腦中升起「當然，現在她一定結束了」的念頭，並期望能再度回到住處。然而不論我何時回去，她都在那裡，手裡還拿著漂白水擦拭攪拌機底部的塑膠保險桿。

我不是抱怨。我除了不停購買漂白水之外，沒損失任何東西，我也對她的清掃感到滿意。下回，我要說服她「資源回收」正夯，而且

我也奉行了，看是不是能少買一些漂白水。我無法想像沒有珍娜的生活，也會思念每隔一週的相處時光，聽她談養生之道，同時希望她把精力多花在廚房地板上而非鬧鐘後頭的塑膠孔。

有一天奇怪的事發生了；我回到家，她竟然離開了，可謂有史以來頭一遭。她留下一張紙條說她掉了一隻襪子，若是找到了請通知她。我往櫥櫃下面找，那裡一點灰塵都沒有；我搬開幾只箱子卻發現牆壁和死角全都被擦拭乾淨；我提起沙發，地毯就像是剛買來的一樣新，偏偏都沒有襪子。

突然想上廁所，卻被眼前的景象嚇到；環顧我的浴室，才發現原來這裡根本沒有打掃。

很難想像她在做什麼，怎麼可能花半天的時間打掃一套兩房的公寓卻忘了浴室呢？不過，我還是原諒她了，畢竟當你隻身在異鄉，有人照料是幸福的。我想把她留在身邊是好的，特別是她那記右鉤拳。

美味巴黎

BOUCHÉES CHOCOLAT AU YAOURT
巧克力起司小蛋糕（12個）

我常想，珍娜在我公寓的時間都在做什麼？有時我會想，搞不好我前腳才離開，她就把拖鞋用腳一甩，脫了襪子，蜷上沙發看電視，吃巧克力點心。我猜想，如果我安裝一個隱藏式攝影機，鐵定可找到她失散多年的襪子。

這些綿密的小巧克力蛋糕食譜來自我的朋友梅格・卡茨，她是兩個年輕男孩的母親；我敢肯定，她一定對珍娜和遺失的襪子的事略知一二。

法國人把不知如何歸類的甜品通稱為 bouchées（意為「一大口」），而這些小蛋糕肯定符合這個描述。

材料

苦甜參半或半甜巧克力碎片　200克 | 植物油　125毫升 | 原味全脂優格　125毫升 | 糖　200克 | 常溫雞蛋　3顆 | 香草精　1小匙 | 杏仁萃取物　1/2小匙 | 麵粉　200克 | 泡打粉（無鋁較佳）　1 1/2小匙 | 粗鹽　1/2小匙

步驟

1. 烤箱預熱至攝氏180度。將一盤12杯的瑪芬模具鋪上蛋糕襯墊，或輕輕在底部上抹一層奶油。

2. 將巧克力和 60 毫升植物油隔水加熱融化。一旦融化均勻,離水。

3. 將剩下的 65 毫升植物油與優格、糖、雞蛋、香草和杏仁萃取物一起混合。

4. 在碗裡打入麵粉、泡打粉和鹽。

5. 在麵糊中間挖一個洞,將優格糊倒入。輕輕攪拌幾次,加入融化的巧克力,攪拌均勻。

6. 將麵糊分別倒入瑪芬模具裡,烘烤 25 分鐘,直到麵糊中心都熟透。

7. 從烤箱中取出,冷卻後再享用。

盛盤:雖然法國人從來不在甜點前享用咖啡,但我特意將這些蛋糕和咖啡搭配,當然是只對成人。小孩可能會比較喜歡用牛奶替代。

保存方式:蛋糕可儲存在密閉容器,常溫下至多四天。

在巴黎城裡的某個角落會有一家店專賣你或許想要的商品，不論這商品有多麼奇怪或莫名。我就逛過這樣的店，只賣一樣商品就能闖蕩江湖，像是燈泡、香草、動物標本、手工傘、現榨堅果油、老舊的醫療器材（有點可怕）、馬肉（很可怕）、骨董門把、內臟、老樂器、全新的二手捕鼠器（還有老鼠在裡面）、經典黑色洋裝（價格高出今日行情）、啤酒、魚餌和美國軍用設備等。我也去過什麼也沒有，只賣五瓶香水的店家；在乳膠衣專賣店被我那戀物癖的朋友慫恿，試穿了一件外套（我必須說脫去外套是另一種脫毛術，會非常痛）；還有全巴黎最小的店，就位在甘剛伯街（Quincampoix）上的運動補給品專賣店，店面似乎永遠空蕩蕩。

但這都還好，我最奇特的購物經驗就發生在距離紀念工人的巴黎共和廣場外，有幾個街區之遠的地方；我拿著醫生給的 MEMO 站在一大片櫥窗前，望著成堆亂放的塑膠大腿正朝向不同方位展示最新最好的醫療用彈性襪，我確定這是我在找的地方。

我走了進去，交出醫生處方箋，一位上了年紀、嚴肅不多話的女士領我到店後方的更衣室，準備換穿過膝襪。行前，他們就告訴我將會享受數小時的腳上樂趣，不會有問題的。

那位女士在拉上簾子前要我將身上的每一吋布都脫掉，包括「我的內褲」，又給我兩張輕薄的紙巾。法國人向來不避諱在眾目睽睽下裸露身體，全裸也不害羞，我現在也習慣這點。記取著法國人崇尚自然，我脫去全身衣物，包括內褲，用輕薄的紙巾蓋住臀部兩側，只是這法國的紙巾真沒力，當裝飾倒好。

簾外的女士問我好了沒，「先生，你準備好了嗎？」我抓著兩張纖細的方巾回她，「好了，女士。」

她拉開簾子走進來，兩手套上拉長的塑膠手套好像外科醫生。她停下動作看我一眼，從頭到腳然後將視線留在中間，大大地倒抽一口氣害我以為這是她此生最後一次呼吸。

後來我才意會到她剛剛一定是說，「Déshabillez-vous. Enlevez tous vos vêtements sauf le slip.」意思就是說除了內褲之外，我身上的衣物都得脫。真好笑，我不記得有聽到那句話了。（而且我還是不懂那紙巾是幹嘛用的。）

我是不知道我們兩個誰會被我那不及格的法文搞得尷尬，但是因為我正和某人的祖母同處在一間房內、又死命抓著紙巾，所以我覺得我應該比較難堪。慘的是往後只要牽涉到我對法文的理解力，這類讓人措手不及的情況就不會是最後一次。

§

多虧網路、CNN、國際連鎖書店、報攤，以及巴不得說英文來服務一桌茫然的美國觀光客好得到豐厚小費的服務生，用一招半式的法文走闖法國也行得通。但若是生活在此想入境隨俗，就不光只是遮住屁股就好，學會法文是必然的。

每當有人問我，「說一口流利法文需要多少時間？」我會說，「流利？就算是法國人也說不好啊！」我舉每年一度的拼字冠軍賽（Dicos d'Or）為例，這是聽寫比賽，參加的法國人彼此較勁，看誰能夠聽懂最多並且寫下來──完全是用他們自己的母語喔！

為了減少語言謬誤，於是有法蘭西學院的創立；西元一六三五年，於左岸那些神聖、豪華的房間裡修訂出國家版本、最可靠的法文字

典。時至今日，有四十名法蘭西學院院士（immortels，這個字代表人們對這些院士的敬重，有不朽之意）會定期聚會，討論哪些字應該用法文說，這可是得花數十年才能做決定的。美國字典的修訂更為頻繁，包括新興、重要的單字，例如 muffin top（穿低腰緊身牛仔褲而被擠出來的小腹）、prehab（為年輕名人斡旋），還有 designer baby（這是我無法用法文翻譯或解釋的）。

如今對那些平均高齡七十八的法蘭西院士而言，最大的使命是設法防堵狡猾的英文單字玷汙神聖的法語。然而不管官方認可與否，像是 relooking（美容）、le fast food（速食）還有 très people（太民族）早已入侵日常生活。

多數的用語是從 les teenagers（青少年）開始，有些顯然非法文的單字都變成流行語（la langue populaire），比方 nonstop（直達車）、le weekend（週末）、le star système（星系）、l'happy hour（快樂時光）、le feeling（感覺）、le jetset（社交名流）、le shopping（購物）、le "must"（必須，還要特別加引號）、le snack（點心）、le gadget（小玩意兒），還有最近橫掃巴黎的 le scrapbooking（剪報）。

法文裡實在是夾雜太多的英語以至於政府立法「限量音樂」（les quotas musicaux），嚴格限制法國電台播送非法文歌曲的頻率。打開收音機聽一下法國電台，可能一開始會聽到愛迪・琵雅芙（Edith Piaf）扣人心弦的歌聲，突然接著英國「鐵娘子」樂團猛暴的重金屬音樂，然後是法國網壇明星雅尼克・諾亞（Yannick Noah），如果你聽過他，就知道他也是成功的雷鬼樂手，這一連串的音樂安排是所謂「限量音樂」法令下較不幸的結果之一。

法國人看待自己的母語是非常、非常嚴謹的，我不記得的一場晚宴

裡，因為爭論著語言某種時態沒有在某個時間點發生，直到有人到書架上抽出一本家家必備的拉魯斯字典（Larousse）才解決。

尤其麻煩的是表面上看來普通，可直接從英文譯成法文的單字，比方將 populaire 翻譯成「我人緣很好！（I'm popular!）」是極大的落差，不但沒有恭維、讚賞之意，反而意謂著來自社會底層的人們。

類似的情況諸如稱讚美麗的事物——C'est joli!（這是漂亮的！）——卻有驚人的結果。我在巴黎摩森（Moisan）麵包店曾對一名店員講錯話，我以為稱讚店員正擺放於豪華托盤上的金黃色瑪德蓮為「très jolies（好漂亮）」是對的，沒想到她卻在負氣離開之前，尖叫著：「Elles ne sont pas jolies, monsieur! Elles sont délicieuses!（它們才不漂亮，是美味，先生！）」那之後有整整一年，我不再到那家麵包店，無奈那是我買麵包的最佳選擇之一，於是一週又一週，我從窗口另一側安全地監控店裡的情況，確認她不在那裡工作後，我才敢再度踏進店內試吃瑪德蓮。

咬下一口瑪德蓮，內心竊喜原來我才是對的，它們確實是漂亮卻沒那麼好吃，終於放下心中一顆大石，想必那位女店員是因為講話不實在而被解雇。

§

當我和巴黎人相互努力想瞭解對方時，我總相信他們也能體諒我。但即便在這裡生活已超過六年，大多時候我對他們說的話還是抓不到要領。他們究竟想怎樣？我的意思是，老實說一個人要如何精通這麼困難的語言，它有六種表達「因為」的說法；puisque、comme、à cause de、car、grâce à 及 à force de，而這其中的差別涉

及到理由為何。

看看那一堆雞胸肉有多少選擇；poitrine de poulet（雞胸）、blanc de poulet（白色雞肉）、émincé de poulet（雞肉片）、escalope de poulet（雞排）以及suprême de poulet（冷凍雞肉）。再看看容器，一壺酒可以用carafe（玻璃酒瓶）、pichet（一帶柄的小口酒壺）、pot（一缸）、décanter（一瓶醒酒器）、cruche（一罐）或fillette（一小酒瓶，也指小女孩）來裝，因此得當心你在哪裡訂購一壺酒。

一罐汽水是canette（易開罐飲料），別跟canette（小雌鴨）弄混（也別被caneton搞亂，那是小鴨的意思）。Une boîte de conserve是指蔬菜罐頭，若是晚上要去夜店，你可以說Sortir en boîte，但願你一夜風流之後別變成蔬菜回家。

如果你需要雞肉，你會去volailler（家禽商）；若是牛肉，就去boucherie（鮮肉店）。你要買豬肉嗎？在charcuterie（豬肉食品店）稍作停留吧，因為肉店老闆（boucher）可能沒賣豬肉，豬肉不算meat，但小羊算，在boucherie（鮮肉店）買得到。那內臟呢？你自個兒到triperie（下水店）去找吧！

讓人難以理解的是兔肉，竟然跟我們帶毛的朋友同屬在volailler（家禽店）才買得到。萬一你正要找馬肉，儘管偶爾在一般的鮮肉店也買得到，通常還是去boucherie chevaline（馬肉店）買，然而反之倒不見得一樣。如果有人可以告訴我saucisson sec及saucisse sèche之間的差別，我會送你一條「乾香腸」或一條「新鮮乾香腸」作為答謝。

§

我最窘的一次經驗則發生在巴黎塞納河堤（Sur les Quais）旁一家很棒的食品雜貨店（épicerie），我正用破爛的法文跟郊區居民解釋由知名甜點師（Confiseuse，法文裡有特定性別的單字來指稱女性甜點師傅）克莉絲汀・法珀（Christine Ferber）製作的果醬，其中不同的風味。

我正竭盡所能地為某人翻譯一整組果醬罐（pot de conserve）的口味（廣口瓶空的時候，法文稱 un bocal，但是當瓶子裡裝滿果醬就叫 un pot）。當我提到紅醋栗果醬（Confiture de groseilles）的時候，我的客人立即興奮地說：「對，這就是我要的！」

於是我跟店員要了一罐紅醋栗果醬，但 groseilles 應該唸「gro-zay」，我卻帶著語意不明的指令唸成 grosses selles（我發音為「gross sells」，是粗大糞便的意思），那名女店員的下顎當場快要掉到櫃檯；我竟然點糞便，要做成大便果醬！

此刻，我終於明白我需要專業的協助，這是店員或許能分享並被列入法文課的一項評量。

巴黎城裡到處都有免費刊物刊載著語言學校的廣告，聲稱能幫助學生「輕鬆學法語」！翻閱刊物或在網路上搜尋，你會發現從把班級拉到一座公園，以「找到戴圓頂禮帽的傢伙」作為招生宣傳，到另一則以「噘著兩片鮮紅嘴唇，快樂地在艾菲爾鐵塔前擺出鮮明的法式姿態」來引誘潛在學生注意的廣告。

我不確定我需要學那樣的法文——或許之後吧。現在我得正經點，在隸屬文化部的拉雪茲神父公墓（Père Lachaise cemetery）附近，我挑了一所學校，它保證「嚴格（rigoureuse）」監督，並且對我這

種超級無敵愛拖拉性格的人，他們將用我的語言跟我說話。

當我推開學校嘎吱作響的門，自信自己正走在變身真正巴黎人的路上，為可能打入異鄉客與當地人激辯普魯斯特和存在主義的國際圈，始終掌控直陳語氣之更過去式（plus-que-parfait de l'Indicatif）的價值更勝虛擬語氣之更過去式（plus-que-parfait du subjonctif）而感到興奮。

我走進大院子，到處都是正在打乒乓球的韓國青少年。其他多數正抽著難聞的高盧牌香菸，邊瘋狂互發簡訊給才幾步之遙的同伴，邊牛飲從販賣機買來、裝在塑膠杯裡的黑咖啡。我已經可以想像這裡不會是良好的學習環境。

好處是我頭一回在巴黎迷戀上一個人，那就是我的法文老師洛朗（Laurent）。他不特別，卻像是最棒的法國戀人，耐心又仔細，總留意我的需求。他教我遇到複合動詞時如何閉上嘴巴發音，尤其能體諒我那令人尷尬的美國腔。

然而在巴黎情況往往如此，當你以為理解一切而且都進展得很順利時，事情就發生了，你因為不明原因被拋下；有一天，出現一位新來的老師，如夢般的洛朗從此消失。那位新來的老師是個大塊頭，大搖大擺地走進門，像個活生生、會呼吸的米其林——就像「La Brioche d'Or」店裡那些膨脹的麵包一樣腫。這一次，讓我找到了一句恰當的老話來形容他；像是兩坨打了類固醇的麵團（both resembled pastries on steroids）。

不像可愛的洛朗，這傢伙（mec）不太在乎大家的努力就隨便放任日子流逝，我相信他是決意要在同學面前盡可能地羞辱我。坦白

說，這也不是難事。

他來上課的第一天，我犯了一個幾乎所有以英文為母語者會犯的錯誤，就是將每個法文單字字母逐一發音，真抱歉，但這對我而言似乎就是這麼自然，合乎邏輯！

為了這個錯誤，沒脖子先生大步朝我走過來，雙手緊握垂放在兩側，在課堂上對我咆嘯足足五分鐘之久。畏縮在座位上的韓國同學緊緊抓著電子字典，對眼前噴著怒火的高盧酷斯拉怕得要命。

我發誓那是我最後一堂法文課，因為稍晚有同學簡短地向我陳述，他看見老師走到牆邊，拳頭就這麼直接地朝牆捶下去；「天啊，那可能會是我！」我心裡想要是我再待下去，我遲早會接到那一拳。

雖然我還嘗試去其他學校上課，但從此我對學法文的渴求與熱忱迅速消退。不過隨著我每轉到不同的學校，總是有被我稱作「糾察隊」的人出現，很快我便認同那種想揍人的欲望。不管他們的法文程度如何，是否理解力比我好（通常是比我糟），他們老不斷糾正我的發音還自認是在幫我。

當我開始新的課程，我總能直接了當點出所謂的「糾察隊」，我的眼角餘光會看見這群很掃興的傢伙期待我出錯，好讓他們隨時遞補正確答案。不管我有多不想，還是會看見他們的頭在我跟老師之間左顧右盼，彷彿正在觀看法國網球公開賽，幾乎要從椅子上跳起；他們不斷祈禱、盼望，只要我有個閃失就能發出智慧之語來彌補我的智障。

因此，在我朝某人、某物出拳前，我徹底放棄法文課並決定不管他

們樂不樂意，最好的法文老師就是巴黎人自身。這似乎不是所有巴黎人都很欣賞的工作。

我最糗的一次是在一場時髦的社交晚宴上，周遭盡是陌生人；那時我剛從義大利旅行回來，正在講述這次驚人的歷險。我在皮耶蒙特（Piedmont）山區登高俯瞰歐羅帕（Oropa），以宗教狂熱者崇拜之黑色聖母「Madonna Nera」著稱的教堂雄偉矗立著。來自世界各地、不分信仰的朝聖者和旅人皆匯集在這處聖地，面向崎嶇山路，爬上多到數不清的階梯只為了景仰她。鄰近咖啡館所供應的熱巧克力和糕點也是這一趟跋涉的額外誘因。

我企盼以高度的文化涵養和對這位可愛聖母詳實豐富的描述來打動所有人，於是貢獻所學之法文：「在義大利的高山上，il y a une verge noir（有一個黑色陰莖）。C'est magnifique（它是雄偉的）！世界各地的人都來此朝拜，並跪在其面前禱告。」

當我用無懈可擊的法文沒完沒了地說話時，我發覺每個人的臉上顯現不舒服的神情，他們的眼神飄移，對別人餐盤上的食物興趣大過我嘴巴吐出的言語。不過我就像高速火車「TGV」，加快速度講下去，「當你終於爬完這段漫長又坎坷的路，憑窗俯瞰一切會是多麼incroyable（不可思議），這真的是世上最有名的 verges（陰莖）之一。」

我沒注意到別人也正因為這座聖像而群情激動，直到羅曼靠過來問我：「你是在說 Vierge Noire，黑色聖母（Black Virgin）嗎？」

「是啊！難道不是嗎？」

「大尾，verge 是陰莖啦！」

我知道我的故事在不同的客人間應該會有比較好的反應，不過從法語學校輟學的決定或許是有些草率了。真慶幸他在我拿出所有從不同角度拍的照片前就攔阻我，不讓我說下去。

對操英語的人來說，法語的某些語法是陌生的，這令我深受其擾。比方說「tu」和「vous」這兩種系統的使用是依據禮貌上的規範（如果是「對等（égalité）」怎麼辦？），還有語法上的一致性（la concordance），危險的地方是在主詞屬性不只改變了名詞的拼寫和發音，連形容詞和動詞也跟著變動。難怪連法國商人和女人都被送去學校進修法文。

很多法國人跟我一樣拼字能力很差，假如你曾在咖啡館的黑板上嘗試辨認出字跡潦草的手寫字，你就會明白他們會用手寫出龍飛鳳舞的字體來掩飾這個缺點。我就曾經指正過幾個法國人的拼字，他們卻是馬馬虎虎帶過。所以當我的法文出錯時，我也不覺得糟糕了。

不用說，我花了好多時間去嘲笑也被別人嘲笑，不過我不想再為法國人和他們的語言煩惱；我們之間誰也無法完全瞭解對方，或許永遠不會。

美味巴黎

DINDE BRAISEE AU BEAUJOLAIS NOUVEAU ET AUX PRUNEAUX

紅燒薄酒萊新酒火雞 <small>(4 人份)</small>

我努力很久才讓 volailler（家禽店）老闆娘凱瑟琳理解：我要買火雞。因為我會把法文的 dinde（「dand」），念成「din-dee」。每個字母都有它存在的意義，這對我們大多數人都是合情合理的，不是嗎？

另一件我不解的事，是薄酒萊新酒上市時的大陣仗。每年十一月，特別是第三個星期四，薄酒萊新酒在全法和全球同步發表。有很多精明的行銷手段想營造巴黎人的興奮之情，但巴黎人可不會掉進這個圈套，他們對大啜薄酒萊完全不感興趣。

我和他們同感不屑，但果味濃郁的薄酒萊新酒是很棒的料理酒；它沁人的風味在燉火雞腿時特別香，火雞腿的法文是 les cuisses de dinde。如果手邊沒有薄酒萊，可以用其他味道濃郁的紅酒，如布依（Brouilly）、美露（Merlot）或黑皮諾（Pinot Noir）。

法國人很少將蜜棗乾去籽，他們稱作 pruneaux（不要和 prune 混淆，prune 是指新鮮的蜜棗），也許是沒有人因此打過官司，但也因為據說含籽的蜜棗乾比較有味道。如果你使用的是法式的含籽蜜棗乾，不妨提醒你的非法國客人小心籽，或乾脆使用無籽蜜棗乾。

美味巴黎

材料

【蜜棗】

蜜棗乾　225 克 | 薄酒萊新酒　125 毫升 | 蜂蜜　2 大匙 | 長條形香橙皮　3 公分 | 新鮮百里香　6 小束

【火雞】

火雞腿　約 1.5 公斤（含大腿小腿）| 橄欖油　1 大匙 | 粗鹽和現磨黑胡椒 | 薄酒萊新酒　500 毫升 | 雞湯或水　375 毫升（若使用罐裝高湯，請用低鈉鹽）| 新鮮百里香　8 小枝 | 月桂葉　1 片 | 糖酢洋蔥　1/2 份（第 213 頁，見大廚的私房筆記）| 香菜末　1 束

步驟

1. 準備蜜棗乾。將蜜棗乾與薄酒萊、125 毫升水、蜂蜜、香橙皮和百里香入鍋煮沸，小火滾 2 分鐘。加蓋後，從火源移開，靜置待其鼓脹。（蜜棗乾可提前五天煮好，放入冰箱）。

2. 將火雞肉沖洗並拭乾，在鍋內加熱橄欖油。放入火雞，加入鹽和胡椒調味後燉煮，只需偶爾翻動，以便讓整體煎得金黃。

3. 同時，預熱烤箱至攝氏 160 度。

4. 從鍋裡取出火雞肉，將油倒掉。把火雞肉放回鍋內並加入薄酒萊酒、高湯、

百里香、月桂葉。蓋上鍋蓋，煮兩小時，期間可翻動燉肉數次。

5. 取出火雞肉，續煮鍋裡醬汁，直到醬汁減半。同時，以大塊方式撕下火雞肉。將蜜棗乾擠乾，撈出香橙皮和百里香。

6. 醬汁減半時，將火雞肉連同洋蔥和蜜棗乾放回鍋裡，完全加熱。用一小撮香菜裝飾。

盛盤：大量淋上紅酒醬汁，再加上香菜豐富多彩的對比，一定會大受歡迎。

保存方式：這道料理可和醬汁在冰箱保存三天，食用時用瓦斯爐或微波加熱。

大廚私房筆記

如果想用新鮮現煮的洋蔥代替糖醋洋蔥，可以準備 225 克去皮煮沸的洋蔥，在最後 45 分鐘時，加進正在燉煮的醬汁中。

美味巴黎

CARAMEL AU BEURRE SALE
有鹽奶油焦糖醬（約500毫升）

有人說，學法語是最好的方式，就是毫無恐懼地說出來。不知道我是不是這個理論的最佳證明，但因為世界各地廚師講的語言並無二致，對於上前和另一位廚師對話，不管用什麼語，我都沒問題。

有一次去布列塔尼，我吃到全世界最美味的 galette de sarrasin（法式鹹薄餅），那是一種用蕎麥粉製成的可麗餅，沾一大匙堪稱人間美味、有鹹奶油風味的焦糖醬。

法語堅持：crêpe（可麗餅）是專指用白色麵粉做的薄餅。如果用了蕎麥粉，它通常被稱為 galette（鹹餅），所以如果你說你要一份 crêpe de sarrasin（鹹可麗餅），沒有人會聽懂你要點什麼。令人困惑的是，蕎麥有時被稱為 blé de noir（黑麥），如果你說你要一份 crêpe de blé noir（黑麥可麗餅），他們又會清楚明白知道你在說什麼。

這樣你懂了嗎？

吉哈德‧柯凱涅是一位在布列塔尼 Les Chardons Bleus 的可麗餅業者，他們通稱自己是 crêperie（可麗餅店），其實他們 crêpes 和 galette 都有賣。他歡迎我進他的廚房，告訴我如何在最後加進一些當地的 noisette 奶油製作這個深琥珀色的醬。Noisette 意思是榛果，但和 noix（胡桃）的大小比較接近——所以，它們不是應該叫做 noix-sette 嗎？下次如果法蘭西學院學士來了，我覺得我應該去見個面，我有一大堆的問題想問。

但是，這個醬的超級美味是毫無疑問的：我只嘗了一口，便心醉神迷。但和吉

美味巴黎

哈德一樣,得用一個非常大的鍋,因為一旦你添加奶油,焦糖會起大量的泡。還有,鍋子(pot)在法國不叫 pot,叫做 casserole;除非它有兩個把手,在這種情況下,它叫做 cocotte。

材料

糖 400 克 | 鮮奶油 400 毫升 | 有鹽奶油 30 克 | 鹽之花或粗海鹽 1/4 小匙

步驟

1. 將糖平鋪在大鍋裡,鍋子的大小至少六公升。以小火煮,不要攪拌,直到鍋緣的糖開始液化。

2. 用木勺或耐熱鍋鏟輕輕攪拌,盡量將邊緣開始融化的糖朝中心攪拌,也輕輕將鍋底融化的糖拌起。當糖變成琥珀色時會完全融化。

3. 繼續煮至糖變為深褐色,並開始冒煙。不要擔心任何大塊焦糖。顏色愈深而不致燒焦,最終的味道愈好。當顏色看起來像是銅板,聞起來有點煙燻味,這時便恰到好處。

4. 從火上移開,並迅速倒入約四分之一的奶油攪拌。這時會起許多泡,不妨戴上烤箱手套。繼續攪拌奶油至均勻,將奶油與鹽拌入。趁熱食用。如果想要想要淡一點的焦糖醬,可加 60 毫升的水。

保存方式:可提前一個月製作,並冷藏;食用時慢火加熱或微波爐加熱。

與他同在晨光中甦醒，
來一碗咖啡牛奶吧！

在巴黎幾乎不可能喝到一杯好喝的咖啡，這裡的咖啡算是我喝過的下下之選。

在哈法族奔相走告、四處宣揚美國咖啡難喝之前，我承認在美國的確有許多難喝的咖啡，不同之處是在「有機會」發現一杯好咖啡。

再者，北美還有一項托辭；我們與神奇的咖啡國度「義大利」並不相鄰，在那裡每飲一小口都有不同味道。從吧檯人員將小小的咖啡杯放置在咖啡機沖煮頭下直到我喝完杯中蜜糖似的 espresso，整個過程我完全心無旁騖地專注於經由熟練動作萃取出的好咖啡。啊！多完美的一杯咖啡。

在如此強調精緻飲食，以美食名揚世界的國家，巴黎咖啡之糟直叫人瞠目結舌，連法國美食作家蘇菲·布利索（Sophie Brissaud）都形容為「驢尿（donkey piss）」。在巴黎喝到的好咖啡都是出自那些由義大利人經營的餐館，對他們來說，咖啡的好壞事關整個國家文化，榮辱與共。當我向在義大利觀光辦事處做事的女子問起她如何能生活在這樣的巴黎時，她顯得有點侷促地回答：「在法國我不喝咖啡，我只喝茶。」

§

我聽了一些解釋再進一步探究，我才知道有許多咖啡館被迫向同一處被稱為「奧弗涅黑手黨（Auvergnat Mafia）」的供應商買豆子。若真如此，我建議乾脆改由義大利黑手黨接管，我相信他們會賴在咖啡館直到改善咖啡的品質為止。

說到咖啡豆，我一點也不信市面上有那麼多被視為最好，也確實

是如此純種阿拉比卡豆（pur Arabica）。如果有膽敢說他們正煮著阿拉比卡豆，那我就是莫里斯‧雪佛萊（Maurice Chevalier，1888-1972，法國演員、歌手）或那位臉上留著小鬍髭，守衛我大樓的凱薩琳‧丹妮芙（Catherine Deneuve）。

市面上有所謂「法式烘焙（French roast）」的咖啡豆，意即烘烤咖啡豆直到焦黑、無法辨認為止。這是為了掩飾劣質咖啡豆的作法，因此對所有標示「法式烘焙」的咖啡豆，我一概敬謝不敏。

我曾在線上採訪一位咖啡館服務生，他說若是沒有人緊盯，他們通常會重複使用咖啡渣。這誰要是敢在義大利這麼做，一定會被丟給真正黑手黨處置。我可不是因為窮才在吧檯邊等咖啡（在這裡喝的確比較便宜），我就是不相信他們。我像一隻獵鷹盯著吧檯生看，雖然沒見過任何人重複使用咖啡渣，我卻也未曾看見機器在被使用過後，有人會將用過、不好聞的咖啡渣沖洗掉，而這是每煮完一杯咖啡應盡之事呀！

巴黎的吧檯生想必認為那支咖啡搗棒只是裝飾品，因為他們很少拿來使用。每回他們將咖啡粉倒入濾嘴，緊栓在機器沖煮口之下時，我都想跳進櫃檯，邊揮手邊大叫：「停！停！要先把咖啡粉壓實啦！要用 13 公斤的壓力，這就是那根圓形金屬棒的作用啊！」

不過，我依然緘默，丟一顆方糖在一團黑色的泥糊裡，邊痛苦地喝下邊想著是不是用驢尿來形容可能都還算好聽。如果你曾疑惑那些憂鬱的思想家都在咖啡館裡沉思些什麼，有可能是在想這個吧！

§

失望之餘，我替自己買了一台笨重的義大利製咖啡機，並且到義大利的意利咖啡大學註冊（Illy Caffè）。我在那裡學會所有沖煮出一杯美好的 espresso 所需要的構成條件；如何研磨好咖啡粉，在濾嘴裡填裝適量的咖啡粉，以正確的壓力填緊咖啡粉，用機器淬榨出的每一滴都是上天賜予的紅褐色甘露。夜裡，只要一想起自己所學到的，便興奮到難以入眠。或者更可能是我每天都喝下九或十回的 espresso，才會睡不著。我帶著一卡裝滿咖啡的皮箱回家，而且為了能再充實儲藏室，每回到義大利必定帶一卡空皮箱。

漸漸地，我發覺想持續不斷地越過邊界就為了咖啡而奔波的過程並不容易。在學有所成，成為一名不出世的專業咖啡好手後，我前往位在巴黎第二十區、受人高度推崇的「約旦烘豆坊」（Brûlerie Jourdain）。（我需要一點小小的誘因到那裡去，因為烘豆坊就在「140 號麵包店」（Boulangerie 140）隔壁，磚窯裡能烤出全巴黎最好的麵包。）

我向也是烘豆手的店主人宣達：「我正在尋找經過烘焙並研磨好、適合煮出 espresso 的咖啡。我有一台全新又專業的義式咖啡機，想煮出有義式風味的咖啡。」這家店是在巴黎被公認能買到咖啡的佳店之一，其店主人竟然皺著鼻子回答——警告！如果你是義大利人，請在此打住——「你幹嘛要你的咖啡喝起來像義式咖啡？」

天啊！我根本就不是義大利人，但他卻讓我覺得不舒服。試想若有巧克力達人對你嗤之以鼻，「你幹嘛要你的巧克力像法式巧克力？」你會做何感想？

於是我只好盡量買義大利進口的咖啡豆，並且試著在家喝自己煮的，因為我不認為巴黎服務生會親切地看著我拿出膳魔

師（Thermos）再重重地擺在桌上，並開始倒出熱水。但或許我應該這麼做，這樣他們可能就明白我的用意。

不過要是你沒有咖啡機，或者不想看服務生僵硬的表情突然變得猙獰；該如何在巴黎點一杯咖啡呢？如果你只說，「我要一杯咖啡。」服務生會給你一小杯 express（速沖咖啡）。哦，別糾正我！在法國就是這麼拼寫的。我知道，他們甚至連拼都拼錯了。

通常在服務生放好那一小杯咖啡泥、匆匆轉身離開的當下，絕大多數的訪客錯愕之餘會將身體後仰，再花十分鐘試著攔截服務生跟他要求牛奶。剛開始他們不知道店家不會主動提供牛奶是正常的，但是幾次之後總該留意了吧！我的意思是在法國這樣的情況發生第十次之後，難道還學不會嗎？這裡可是沒人會拿一份教觀光客如何點咖啡的專家清單喔！

心思敏銳者終究理解，大部分想喝一大杯牛奶咖啡的人會點咖啡牛奶（café au lait），照字面解釋就是加了牛奶的咖啡。正如你所知，咖啡牛奶只在早上飲用，而且是在家與你共度一夜的人分享。除非是在紐約和柏克萊那些時髦的法式咖啡館，不然巴黎的咖啡館並不提供咖啡牛奶。

真正的咖啡牛奶是量多，加了溫熱的牛奶還冒著蒸氣的咖啡，不是用馬克杯裝而是用有底的大碗公裝的。對服務生來說被要求咖啡牛奶司空見慣，尤其是在觀光區，因此你不會遇到任何藐視的對待。不過你真正要點的應該是 café crème（牛奶咖啡）；除非你是他的枕邊人，一覺醒來才能得到他全心全意的對待。

假如真是那樣，我沒辦法給你太多意見──這已經超出我專業範圍，不過這跟煮咖啡不一樣，這點法國人的確是比較突出。

美味巴黎

法國的咖啡館

如果你打算在咖啡館喝咖啡，而不是在陌生人的家中，我很樂意為你指點迷津。

Café express 有時也被稱為 café noir（黑咖啡）、café nature（天然咖啡）或 café normal（普通咖啡）。這是一杯小的義式濃縮咖啡。（稱它為 espresso 會引發各地義大利人的不滿。）如果你只說你要 café，這就是你會拿到的咖啡。絕對萬無一失。

Café serré 是超濃縮咖啡，因為它是用比 café express 更少的水沖煮而成。

Café allongé 這種咖啡在沖煮與萃取過程中，使用比 café express 更多的水。如果你想在一間咖啡館流連久一點，可以點一杯。

Café léger 是 café express 經過沖煮與淬取後，再加入一些熱開水。完全不推薦。

Café noisette 是在 café express 上加一團榛果大小的奶泡，浮在咖啡上。如果你覺得巴黎咖啡的味道令你倒胃口，可以試試。如果有需要，可在高速公路或火車上點這種咖啡，因為在那裡的食物，如咖啡，將挑戰任何人對法國這個美食天堂的信念。

Café décaféiné，曾經，點杯不含咖啡因的飲料總會引來服務生把你看成軟腳美國佬的輕蔑快感。如今，他們也人手一杯，你只需說 un déca（不含咖啡因）。

所有的咖啡都可以不含咖啡因，你只要在點完咖啡後多加一句 un déca。但如果有年紀大些的服務生咕噥抱怨了一下，你可能要等稍微久一點。

Café américain，美式咖啡有時也被稱為 café filtre（過濾咖啡），因為它經過

美味巴黎

沴泡或過濾。注意：有時會喝到稀釋的濃縮咖啡，這在飯店早餐或家裡很常見。

Café soluble 或 Café instantané，即溶咖啡。能避則避。

Café au lait 即咖啡牛奶，是 café express 或味道濃烈的咖啡以溫牛奶稀釋，通常盛在碗裡，只在家中早餐時飲用。或者在美國流行的「小咖啡店」也有，一杯是美金六塊半。

Café crème 這是一種以杯子裝盛，添加（通常是罐裝或瓶裝已殺菌的）溫牛奶的 café express。有 normal（正常）或 petit（小杯），不管哪一種，你可以要求 un petit crème（一點點鮮奶油）。

Cappuccino 即卡布其諾，這是一種裝在杯子裡的 café express，上面有很多的奶泡。有些咖啡店用了很炫的玻璃馬克杯，上面再撒些咖啡色粉末，標上一個比它本身價值高很多的天價。如果你真的想要一杯卡布其諾，去義大利吧！

Café viennois 維也納咖啡，加了鮮奶油的咖啡，這種飲品通常可以在冰淇淋店或茶館裡看見，一些咖啡店也有。（雖然他們不太可能為你打一個真正的鮮奶泡。）如果你在對的店到一杯維也納咖啡，在把鮮奶泡融進你的咖啡前，先嘗一口鮮奶泡，因為法國的鮮奶泡實在太美味，你可能會想放棄下面的咖啡，那會毀了它的美味。

Café frappe 或 Café glacé 即冰咖啡，請慎選：因為它不是真的法國文化，它只是法國人理解的「冰咖啡」，一般而言，它甜到牙齒會痛，而且分量超少，但你會看到一塊盡職的冰塊浮在咖啡上。相較於你享受到的，這實在是太貴了，所以不要期望太高。雖然你絕對可以清涼一下。

補充說明：餐後，你要把咖啡當成是句點，暗示這頓飯即將結束，而不是話匣

美味巴黎

子的開啟，可以續杯再續杯。一杯牛奶咖啡從來不會作為午餐或晚餐後的飲料，雖然越來越多人把它當成下午茶，因為它很適合慢慢喝。咖啡一定是餐後的飲品，從來不會和甜點一起上餐，只會在甜點之後上餐。你絕對不會在餐桌上同時看到咖啡和甜點，因為這被認為是「不正確的」。而你總希望是正確的，不是嗎？

最後，如果你來到巴黎，但你不是咖啡愛好者，你還有茶。這是我從來沒有真正了解其吸引力的食物，直到我搬到這裡。現在，我比過去任何時候都更常喝茶。誰會想到，住在巴黎讓我變得更義大利？

美味巴黎

SHEKERATO
冰搖咖啡 (2 人份)

你可能會以為整天圍繞咖啡工作的人會對咖啡厭倦。但是義大利的 Illy 員工咖啡吧卻是城裡最繁忙的地方。沖煮咖啡的女士沒有戴鼻環或刺青,事實上,她看起來就像是某人的義大利祖母;但天呀,她居然能變出那些咖啡。

輪到我時,她問我要點什麼。菜單上的 Shakerato(冰搖咖啡)吸引我的目光。我被它的名字吸引,我喜歡,而且想到一杯好喝的冰咖啡就令人難以抗拒。

我加了一點酒,為 Shekerato 增加一點刺激性,我在的港幾家咖啡店看過他們這樣做。法國人喜歡貝利酒(Baileys),他們念作「Bay-layz」,但歡迎你試玩其他種酒類。如果你想完全略過酒精,可以慷慨地使用巧克力糖漿取代。

材料

香草或咖啡冰淇淋(略回軟) 2 中勺 | 冷卻且味道強的濃縮咖啡 2 ～ 3 滴 | 愛爾蘭百利甜酒 125 毫升 | 冰塊 適量 | 無糖的可可粉或碎巧克力適量

步驟

1. 在調酒器或攪拌機裡,倒入冰淇淋、濃縮咖啡、百利甜酒和冰。

2. 用力搖晃或攪拌,直到冰淇淋融化均勻。

3. 倒進短平底杯，在頂部撒上可可粉。如果你使用攪拌機，可能有碎冰，我是不介意。如果你會介意，把它們撈出來。

美味巴黎

TARTE TATIN POUR LE REGIME
翻轉蘋焦糖果塔（低脂版本）(8 人份)

許多法國女人——和男人——對 le régime（節食）很堅持。雖然你在法國不會像在其他地方看到很多體重過重的人，但其實情況正在改變。《費加洛日報》報導，在過去三十年裡，法國人平均增加五・三六公斤。幸運的是目前還沒有公布從美國搬到法國的男人體重增加的數字。儘管法國人不像我們對吃那麼執著，真的有很多巴黎人坦然承認他們想減掉幾公斤。

這是我「節食版」的經典翻轉蘋果塔，這是一種用焦糖蘋果鋪在薄酥餅上的水果塔。我用的蘋果很有味道，所以只需要加一點奶油增添風味。

如果我說翻轉蘋果塔的好搭檔是一杯熱騰騰的濃縮咖啡，我應該是無可救藥的美國人，我會在家裡一起享用它們。但如果你到巴黎，坐在咖啡館裡，同時點了這兩種食物，而且看到店員的訕笑，別說我沒警告你。

材料

【麵團】

麵粉 110 克｜鹽 1/4 小匙｜砂糖 1 1/2 小匙｜無鹽奶油 30 克（切成 2 公分方塊，冷凍）｜冰水 45 毫升

【準備蘋果】

較硬的蘋果 8 顆｜檸檬汁 1/2 顆量｜無鹽或有鹽奶油 15 克｜紅糖 120 克

美味巴黎

步驟

1. 製作麵團時，將麵粉、鹽和糖倒入食物處理器或立式電動攪拌機。加入奶油混合攪拌，直到奶油變成豌豆大小。拌入水，攪拌至麵團成形。整成一團後，用保鮮膜包裹。（麵團最多可在使用前三天製作。）

2. 將蘋果切 4 份，削皮，去籽。將蘋果片淋上檸檬汁，攪拌均勻後待用。

3. 將奶油放入 10 吋（25 公分）的鑄鐵煎鍋裡融化。拌入紅糖，離火。

4. 將切片蘋果平鋪在平底鍋，近核的那面朝上。將蘋果片以同心圓緊緊重疊擺放。扎實塞好，看起來可能很多，但煮過後會變小，不用擔心。

5. 中火煮 20 ～ 25 分鐘。過程中不要攪動或移動蘋果，只要在它們軟化時，用鍋鏟輕壓幾下。

6. 煮蘋果時，預熱烤箱至攝氏 200 度。將烤架放在烤箱上方三分之一高。

7. 在平台上撒一些麵粉，將麵團擀成約 30 公分大小。很薄，但不要擔心。將麵皮蓋在蘋果上，邊緣塞好，將蘋果塔放進烤箱烤 35 ～ 40 分鐘，至麵皮呈金黃色。

8. 從烤箱取出，將烤盤倒蓋在塔上。戴上隔熱手套，握好平底鍋，將平底鍋和烤盤同時翻轉，要小心溢出的熱燙果汁。把平底鍋拿開，抖一抖，讓可能黏在鍋上的蘋果鬆開掉下，放回塔上。

盛盤：蘋果塔要趁熱吃，可搭配香草冰淇淋或法式酸奶油（第 224 頁）。在巴黎著名的冰淇淋店 Berthillon，他們的茶館提供和美食雜誌圖片一樣完美的蘋果派，搭配一匙焦糖冰淇淋，真是超級無敵好吃。

歡迎光臨「法蘭普利」

最近，回到美國我注意到一件有趣的事，超級市場竟然在我離開美國的這段期間發生變化，成了一處購物天堂。表面上這改變像是一夜之間，其實美國的雜貨店從高大的鋼骨和堅固的煤倉形象轉型成豐富多元又有趣的購物天地，可是走過很長的歲月才有今天的面貌。它有具特色的溫泉浴場、按摩治療師和淨化心靈的音樂，提供充足的沙拉和咖啡，配上情境燈光、乾淨廁所、花店，還有輕柔水氣不斷從天而降、灑上堆放在編籃裡的新鮮蔬果，其上張掛著幾張快樂、乾淨的農夫照片，正俯視微笑。

上回我去一家美國超市，我感受到他們的歡迎，如此溫暖舒適的感覺讓我捨不得離開。那個設置在茂盛的異國植物叢中、空氣裡還飄散精油噴霧的超豪華座椅簡直比我家還舒服。每次買完東西後，我幾乎恨自己為了結帳而打擾到正在享受熱水澡的員工。

一想起法國超市，我就聯想到「羅馬尼亞監獄」。我是一千一萬個不願意走進當地的「法蘭普利」超級市場（Fran prix，法國連鎖超市）；所以一買到所需物品，我就盡快結帳離開。我形容去那種地方就好比沒打麻醉針就拔牙一般難受。

從你跨過門檻的那一刻起，迎面不見親切的接待，反倒是穿著不合身的達克龍制服，面露猙獰、陰鬱的安檢人員會拿著掃描機對你上下搜身。如果你身上背著任何袋子，你不是在進去前先打開袋子確認，就是在離開之前，任由他們進行比海關更嚴格的搜查。既然遲早要被點名做全身搜查，索性就兩手空空逛超市吧！

從照得連法國人都沒有好氣色的可怕螢色燈光，到永遠都是俗不可耐的地板，我的「法蘭普利」永遠都是骯髒又貧瘠。如果需要卸貨，工作人員一定會將箱子堆放在走道中央阻礙所有東西且無一倖

免。假如你肖想有人會清出走道好讓你通過的話，勸你回去翻翻〈混亂〉一章，重讀一遍。

在美國超市裡，要是有東西掉下來或是倒了，立刻會有人急切又緊張地拿著大聲公宣布，將該區全面封鎖並且快速清理乾淨。換作是我的「法蘭普利」，只會有一群員工成半圓形圍著該區，任由商品四散。他們就這麼杵著、望著、等著事情發生，一邊後退一邊想著「錯不在我……這不關我的事……（C'est pas ma faute）」同時又企盼別人主動。接著他們會就近擺上一座錐形塑膠路標，聳著肩再回到外頭把菸抽完。

如果說在「法蘭普利」有什麼商品受到歡迎，我想除了那一排排便宜的酒也沒有其他的了。當美國超市體認把超市變得愈有趣，人們一來是想待在那兒更久，二來會想花更多錢的同時，這兩者概念卻難倒了法國連鎖超市。法國除了有另一家隸屬時尚的「拉法葉百貨集團」旗下之連鎖超市 Monoprix 外，我認為其超市無法進步的唯一理由便是法國人向來愛到戶外市集和小店面購買所需，因此也就無人會針對超市經驗提出建議。

§

在巴黎，大概有七十五處露天市場，每週分別會在不同的日子開市。然而只有兩處市場以食物為特色，專賣位在法國中心區域，即在巴黎周邊的大巴黎區（Île-de-France）所收成的農產品；一是星期天的哈斯帕耶（Raspail）市場，另一則在巴帝紐勒（Batignolles）、星期六才有的市場，其供應的農產品主要是由當地人生產：有機麵包、沾土的青菜如菊苣（puntarella，生長在深秋初冬）和椰菜（brocollini，花椰菜和芥藍的混種）、成束有白色尖

端的小蘿蔔，甚至在哈斯帕耶市場也有美式布朗尼。（有人還會接著問我有沒有試吃，味道如何？只是在眾人當中，為什麼偏要我在巴黎買美式布朗尼呢？）

不過在巴黎想要買到最好的當地農產，你真的就得出城。我喜歡的市場像是位在庫洛米耶鎮（Coulommiers）這樣平凡的小城，卻是布里起司（Brie）的集中地，這對嗜吃起司者來說是一大樂事。不過巴黎城外，距離一小時車程的玫瑰之城（Provins）才是我最喜歡的市場。每週一次，這個城鎮中心會因為聚集整桌整車堆滿美麗、當地生產的食物而熱鬧不已。既然一定會壓壞那些搖晃的桌子，當地的農夫乾脆也不把碩大的南瓜從卡車上卸下，等你要買再切一片賣你。我嘗過那鮮紅欲滴的草莓，滋味甜得像日本糖果般在你口中爆漿。我會興奮地抓好幾把小巧多葉的青菜，全部裝進袋子裡，因為這裡的攤販不同向來跋扈的巴黎人，他們都讓你自己來，想拿什麼就拿（Comme vous voulez）！有人還笑著對我說：「這樣對大家都好、更方便了。（C'est plus facile pour tous, monsieur.）」

記得我第一次去時還迷了路。正當我將所有物品擠進菜籃，同時在攤販間穿梭時，我遇見一位指甲裡藏汙納垢，手皮就像他賣的甘藍般皺的人，我問他「何不帶著你這些漂亮的蔬菜到巴黎去？」

他的回答竟是：「我討厭巴黎人。（Je déteste les parisiens.）」

多數法國人都不喜歡巴黎人，不過因為我住在那兒又喜歡他們（嗯，是大部分啦），想一想採買物品得來回開車個把鐘頭，也會增加碳排放量，所以我還是待在住家附近買就好。

§

當我拿法國超市的現狀來對照美國而哀聲嘆氣時，人們告訴我：「大衛，那是舊金山，跟其他地方真的很不一樣。也不知道離開舊金山又會是什麼情形啊！」

是的，但巴黎是世界之都，此外還常被形容為美食之都，我認為以相同的標準來比較巴黎、舊金山和其他城市是合理的，但若是硬拿偏僻小鎮和巴黎比較就不同了。老天！那可是巴黎耶。在巴黎就該是走進任何一家菜市場都會為食物的高品質折服，而不是踩到無人清理的破油瓶而滑倒。

若是你認為那產品品質很糟，那麼服務的品質就更低。我住處的超市晚上九點才打烊，但要是八點四十五分以前沒進去超市就放棄吧；我曾在晚上八點四十六分到那裡，而店員老早就擋住門口，開始關燈了。

所以你的進度要不斷超前，也就是說你得在星期五下午前買完所需物品，否則你到下星期二之前會很慘，因為多數超市星期天不營業，白天要上班的人則會在星期六湧進超市購物，大排長龍的人群造成地獄般的混亂。特別是這一天，我是打死也不會進到法蘭普利。

你或許正質疑為何要等到星期二，星期一沒營業嗎？因為過完週末，店員要補齊架上所有缺貨，至少要等到星期二下午，所以星期一我不會出現。如果我在星期天早上發現純品康納鮮榨果汁沒了，那麼至少在下星期三之前，我可不想看到其他食物警訊。

最後結帳也讓人感覺受辱，收銀員幾乎不會離開手邊工作，抬起頭向你說聲謝。這不是因為他們無禮，而是因為公司嚴格規定員工不能和顧客聊天才能專心找錢，所以幾乎不可能有所互動，除非是在

重要日子才聽得到含糊的招呼聲。

若是有促銷活動，我根本就不想把商品丟進籃子，因為我跟收銀員在櫃檯為特價問題攤牌的次數太多了，也沒人想把正挖鼻孔的經理叫來確認價格。大部分廠商都明白這個狀況，寧可將包裝重新設計、增加百分之十五的柳橙汁或鮪魚，也不再希望店家會協助打折。

在法國，要店員幫忙包裝也是不常有的（有人曾在我的網站上留言，指在美國將商品裝入袋中是「奴隸制度的最後餘毒」）。只不過自助模式也不行，一旦店員將商品掃過掃描機，便隨手丟進櫃檯末端那成堆的商品裡；排在你前面的人也無法在同時間內既付錢又整理四散的雜貨，所以當你的商品沿著輸送帶向前時，便跟前面顧客的商品混在一起。

不久，你便得同時專注於各種討論間，牛奶是誰的？是你還是我買了那罐茄汁肉腸（我堅持是他的）？難道不是我買嘉美紅酒（Gamay），而你買席儂紅酒（Chinon）嗎？我確定那些小熊形狀、裹著巧克力的棉花糖（oursons guimauve）是我的，而那個草綠色、優格口味的馬卡龍則不是（儘管我有點想嘗嘗其味道）。

正當你一邊查看、整理混亂的商品，一邊禱告自己別被後面的人用菜籃推擠，造成腎臟永久傷害的同時，輸送帶上又送來更多商品，引起另一波恐慌。

我的確曾得到一位收銀員的幫助，這個人一定是很高興身上的腳鐐被卸下了，她不但不袖手旁觀，反而動手幫助我。或許她是新來的。當我好好謝過她之後，她的回答是：「不客氣，先生。這樣比較快。」（Ça va, monsieur, c'est plus vite.）我猜想她是否告訴其他

同事有更好的方法，但我也不指望啦。

或許我該寬恕他們。畢竟每個星期我只待在那裡幾分鐘，而他們卻得整天待著。當然，如果走道更乾淨，蔬果更新鮮，每家店不只一個商品分隔器（這在法國一定很貴），還有收銀員再親切一點就更好了。強調以當地農產品為特色，這也很好。這些都能提振工作士氣，而且還能使這裡變成一處快樂的購物天地。

但除非他們調漲酒價，不然我還是會到那裡購物的。只要他們不調漲，要我忍受其他無禮行為會更容易些，畢竟我有自己的優先考量。

美味巴黎

OIGNONS AIGRES-DOUX
糖酢洋蔥 (6～8 人份)

要在超市找到新鮮的蔬菜水果實在太難，所以很多巴黎人直接進 Picard，這是一家冷凍食品連鎖店。店裡一塵不染，燈火通明，在略顯蕭瑟的超市風景裡，每一家店都像是希望的燈塔。雖然我不像其他很多人像吸了冷凍食品的毒，但我非常驚訝這裡賣的東西真是應有盡有：帶殼蠶豆、肥鵝肝、冷凍馬卡龍、待烤的覆盆子舒芙蕾、一袋袋預切韭菜，還有大包裝的去核酸櫻桃——作為一個一輩子不停地為櫻桃去籽的人而言，這實在是致命的吸引力。他們也有去皮小洋蔥，我喜歡用它和糖、醋來煮醬汁，和烤肉一起食用。

一般情況下，我喜歡盡可能選用在地食材，有次去布列塔尼旅行時，我路經一個彩色的標誌，上面畫了幾顆令人垂涎的蘋果，寫著 producteur récoltant（農產品收集者）。我立刻踩了剎車，還違規掉頭回轉，來不及管兩邊車子裡火大的駕駛。他們絕對不停地咒罵這台雪鐵龍，它的車牌寫著「départment 75」，（令人不屑的巴黎駕駛的標記），橫行在他們牧歌般的鄉村。我順著泥土路來到保羅·洛邑克的蘋果園，他和他的家人在那裡製作最可口的蘋果汁，釀造口感豐富的蘋果醋，聞起來就像秋天蘋果的氣味。它為這道酸甜洋蔥增加了怡人的水果風味。

如果你有新鮮現煮的洋蔥，可以把它們丟進滾水煮五分鐘。之後瀝乾，放涼。從兩端切開，再剝開一層層的洋蔥皮。也可以使用小青蔥。這些是肉餡餅、紅燒肉或紅燒薄酒萊火雞的絕配（第 188 頁）。如果你嗜辣，可以不用番茄醬，改用哈里薩醬或亞洲辣椒醬。

這道菜是受到茱蒂·法蘭奇尼的啟發，她的祖先來自法國，但是她目前在佛羅

美味巴黎

倫斯教義大利料理。

材料

小顆煮過的洋蔥，去皮 450 克｜紅糖 2 大匙｜蘋果醋 60 毫升｜蘋果汁或蘋果酒或水 125 毫升｜番茄糊 1 大匙（可用哈里薩或辣椒醬 1/2 小匙）｜粗鹽 1/2 小匙

步驟

1. 把所有配料放進夠深、不易導熱的煎鍋，蓋上鍋蓋，中火煮超過 10 分鐘。

2. 打開鍋蓋，續煮洋蔥。前幾分鐘，不需要翻炒；當液體慢慢減少，洋蔥開始變焦，該開始翻炒。

3. 在最後幾分鐘繼續翻炒，便其不致燒焦，炒到汁液呈稠狀；當薄薄一層的液體留在鍋底時即可。從爐火上移開，把洋蔥放進碗裡，把黏在鍋底的香濃汁液也刮乾淨。

保存方式：這些洋蔥第二天更美味，可以在冰箱裡保存約一星期。

瘋起司

撤開超市那些普通的食物不談，法國還有好多美食佳餚。眾人皆知我這個人一遇到巧克力就沒轍，不過真要說特別的，非法國起司莫屬，這可是其他國家或文化望塵莫及。法國起司從阿邦當斯（Abondance）到法斯漢（Vacherin）等眾品牌，每一種圓的、方的或球形的都因為產地的土質、氣候，和其他特殊的地理因素而呈現不同樣貌。不論起司是年久而帶土味的，或者滑順而鬆軟的，各自有其獨到且引人之處。儘管我已心有所屬，倒是還沒踢過鐵板，嘗到教人失望的起司。我通通都要啦！要一個人左右在楔形狀的庫洛米耶起司（Coulommiers）和厚片孔泰乾酪（Comté）之間，該怎麼決定嘛？法國仍舊遵循傳統的慣例，在用餐最後提供一盤起司，這樣客人一次就能嘗到許多起司作為快樂的 ending。

大衛和藍道爾是我的朋友，他們在幾場夜趴中提供美酒佳餚來款待大夥。當你走進他們位在拉丁區的公寓時，顯而易見地，他們花好多時間精心設置美麗的餐桌並準備更棒的晚餐。晚餐結束後，他們必定會端出一道淺盤放在桌子正中央，上面排滿了從羅倫‧杜伯瓦起司店（fromagerie Laurent Dubois）買來，由他們親自挑選、正是最佳賞味期的法國起司。哇，我的天啊！

最近的一次晚餐，他們照例又端出橢圓形淺盤，其上有一塊散發純熟氣味的諾曼地卡蒙伯爾起司（Camembert de Normandie），我還聞到一陣香甜來自穀倉的味道。旁邊有一塊矮胖的、淡灰色的山羊起司，灰雜的表層包裹著雪白乳脂。我等不及要切下厚厚一片、有很多堅果的孔泰乾酪；它是我書中的頂級起司，來自在侏羅（Jura）山上悠閒吃草渡日的牛隻所產的奶。為了顧及畫面完美，他們還擺上一塊楔形羅克福起司（Roquefort），人們將之儲存在洞穴裡熟成，斑駁外觀都是令人起敬的絨毛藍黴。起司盤上沒有水果、綠葉

或任何不必要的裝飾，單單只有起司就很美好。

眼前的這盤著實讓我倒抽一口氣，當下桌邊鴉雀無聲，每個人只是深呼吸、品嘗這世上或許是最醇美、最經典的起司。突然有人打破沉默，來自紐約的訪客帶著自信起了頭，手握著起司刀宣布：「看這裡，我來使品嘗它們更容易些。」

為了確實執行承諾，他撲向起司以俐落的刀工將起司全切成小方塊，彷彿這些是被擺在藝廊開幕酒會上，讓賓客們使用花俏叉子品嘗，並搭配 Mountain Chablis 紅酒用的。就是這關鍵時刻，他竟然毀掉世代代起司師傅臻於完美的成果。我們個個噤不作聲地坐著，被這樣的褻瀆嚇著──我們的起司大餐就這麼毀了。

§

過去法國人確實招惹許多爭議，但還沒有人膽敢抱怨其起司製作的技術。每回經過起司店門外，我定會深吸一口那飄散於空氣中、濃郁的味道，或者在門口引頸觀看這天麥稈墊子上有什麼特別的正等著幸運者上門。即便我家裡已存放太多起司，我還是忍不住快速彎身進去，注定要帶走一小塊扎實的霍卡曼都（Rocamadour）山羊起司，厚厚一片堅果博佛（Beaufort）牛乳起司，或是一塊從巨大車輪般切下的乳香康塔爾起司（Cantal）。

巴黎有許多家精緻又出名的起司店，讓你很難走錯路；你隨便踏進一家店就會發現店家經心挑選的特產和區域型商品讓你念念不忘──更別提你的荷包和血管。

頭一次給牙醫看診後，我就知道我找對人，他讓我在辦公室坐下，

不談刷牙或使用牙線的技巧，而是就法國起司聊開。他一面說，一面抄下其出生地點、即法國中部奧文尼（Auvergne）生產的起司。在清單最上頭畫下兩條底線的地方，就是他再三申明我一定要嘗嘗含乳脂的藍黴起司（Bleu de Laqueuille）。有了精通區域型起司的牙醫，我想不出有更好的理由改找其他醫生。

來法國不但應該盡量嘗試更多的起司，學會正確的切法也很重要。這個技巧簡單又易懂；你不會拿起貝果由裡朝外吃，或者將圓形大蛋糕切得像長條的火腿片，對吧？請看以下說明。

假如有人送你一塊扎實的圓起司如諾曼地的卡蒙伯爾，或一小塊薩瓦省的瑞布羅申（Reblochon）起司，把它想像一塊圓形蛋糕（上面沒有含糖的藍玫瑰），把它切成同樣大小的三角形，而非從側邊切成長條狀；但如果是特別小塊的圓起司如霍卡曼都、辣味羊奶起司，或是任何形狀同你手掌大小的起司，要是切成三角形會很迷你，所以切成條狀是可行的。

你買到的三角狀起司其實是從一大塊圓起司切下的，如帶土味的聖・耐克黛兒（Saint-Nectaire）、營養豐富的薩瓦多姆（Tomme de Savoie）或味道強烈的莫城布里（Brie de Meaux），不管你做什麼——即便是初次嘗試淺盤上的起司——千萬別切下所謂「起司鼻」的尖端部位，這是非常粗魯又傲慢的，應該從起司側邊縱切，順便也切下表皮才對。我再說一次，假裝那是生日蛋糕，你之後的每個人都該有完整的一小片，連蛋糕上的玫瑰都要分切。

像是沙雷司（Salers）、孔泰（Comté）或康塔爾（Cantal）這類又厚又大塊的長形起司，要怎麼切都可以。不過要是遇到一大塊側放的起司，通常是由上往下切成長形的起司條，其兩端都帶點表皮。可

別切成一小塊四方形（要不是我看見另一個同伴這麼做，我是絕對不相信的）。至於起司皮，是回答這個常見問題的時候了：「該不該吃呢？」

讓・大羅（Jean D'Alos）是法國最棒的起司製造商之一，他將起司放置在波爾多城下，陰涼又乾爽的地窖深處熟成。他的回答是：「很簡單，沒什麼規則，假如起司皮會影響到風味就別吃。」

假如表皮看起來乾燥、粗糙，有絨毛、或有灰綠色帶霉味的黴菌──或是布滿起司──可能放回盤子會比較好，特別是起司皮正在動的。堅硬的起司如老荷蘭（Vieille Mimolette），結實如蠟的外皮看起來就難咬、不能吃，你可能也不想吃。淡灰色或者帶點橘色的皮通常是可食的，但要是像森林地表那樣的起司皮，如「愛的氣息」（Brin d'Amour），你就該揀掉上面的葉子和樹枝。

要拿多少起司呢？盤子上能堆就盡量堆吧！好啦，說真的，當起司大圓盤被端到我身邊的時候，我總是禁不起誘惑而拿太多。不過正式的禮儀規定在第一輪的時候，最多只能拿三種不同口味的起司。我最常玩的把戲就是「喔哦！我不知道耶，好蠢喔！」，假如我不確定還有下次機會，我會多拿一些。

假如還有第二輪，或者大圓盤還被留在桌上，再拿一次 OK，不過第三次通常就有人皺眉搖頭囉！最後，不管你做什麼，拜託千萬找人打包。

美味巴黎

SOUFFLE AU FROMAGE BLANC
起司舒芙蕾 (8 人份)

我用淺烤盤放在烤箱上部烤這個簡單的舒芙蕾，最後產生深色、焦糖的脆皮，在我看來，那是最美味的部分。和法國人一樣，我喜歡舒芙蕾中呈乳脂狀，好像沒烤好一樣。

不敢烤舒芙蕾？不用擔心！給客人從烤箱拿出來的熱騰騰舒芙蕾絕對令人印象深刻，但待它涼一點還是很好吃。在常溫下享用，它就變成很像起司蛋糕的「蛋糕」。當我帶一小塊給萊蒂西亞，她告訴我，那是她一輩子吃過最好吃的東西。一輩子！讓我告訴你，萊蒂西亞是一位在理查德‧勒努瓦戶外市集煎可麗餅、可愛又年輕的女士，她對甜點的經驗可豐富呢！

若你住的地方沒有白起司，可以把食譜最後的食材改成茅屋起司和優格。

材料

無鹽奶油 120 克（常溫，可多備一點塗抹烤盤）｜糖 165 克（可多備一點塗抹烤盤）｜檸檬皮 1 顆量｜玉米粉 25 克｜蛋黃 4 顆量｜白起司 480 克｜常溫蛋白 6 顆量｜鹽 少許

步驟

1. 以奶油輕輕擦拭 2 公升量淺烤盤，烤盤邊緣高度至少 8 公分。撒上幾小匙糖，左右搖晃烤盤，讓糖鋪在底部和側邊，把多餘的糖倒出來。

2.　預熱烤箱至攝氏 190 度。

3.　準備一個橡皮刀或有葉片的電動攪拌機，混合奶油和檸檬皮與玉米粉，直到完全均勻。打入蛋黃，直到均勻，再打入白起司。

4.　準備電動攪拌機或用打蛋器，將蛋白和鹽在乾淨而且乾燥的碗（不要用塑膠碗）打發。中途慢慢加進 140 克糖，每次一大匙。待糖全加好，打到變硬。

5.　將三分之一的蛋白打入有白起司的蛋黃糊裡，再將剩下的蛋白打入，直到混合。有一些白色細絲沒關係，最好不要打過頭。

6.　將麵糊刮入準備好的烤盤中，輕輕撫平頂部，並撒上剩下的 25 克糖。

7.　將烤盤放在中間的烤架（或略高，如果可能的話）烤約 30 分鐘，直到頂部焦黃，舒芙蕾剛烤好但若輕碰中心還不平穩。依烤箱不同，所需時間不同；不像其他蛋糕有嚴格限定的烘烤時間，可輕輕觸摸中心，確認它烤好否。如果你喜歡舒芙蕾中間很奶，中心應該摸起來相當柔軟，像滑動的布丁。如果你喜歡它硬一點，可以繼續烤到牙籤插入後，抽出來時不沾黏。

盛盤：立即上桌，舀一些到盤子或碗，確保每個人都分到一部分酥脆的表皮。

白起司的風味和夏季漿果最配，準備一些切片草莓、覆盆子，或任何莓果，輕輕翻動，直到有滲出果汁後分裝；等烤箱裡的舒芙蕾烤好，用大湯匙挖一塊熱騰騰、蓬鬆的舒芙蕾放在上面。或者，可以直接吃舒芙蕾。每一口溫熱的舒芙蕾，配上一口雅文邑（Armagnac）或夏翠絲香甜酒（Chartreuse），就成了美味的甜點。

變化方式：如果沒有白起司，可以自己準備 360 克全脂茅屋起司（或標有「cultured」，即發酵過的起司）和 120 克全脂優格，放進攪拌機或食物處理機裡攪拌均勻即可。

美味巴黎

GATE AU MOKA - CHOCOLAT A LA CREME FRAICHE
摩卡法式酸奶油蛋糕（12～16 人份）

仿冒的和真的法式酸奶油完全不同。雖然在家自製的法式酸奶油也不錯，我鼓勵——哦，不，是強調——如果你到巴黎，一定要把犒賞自己一小杯真正的法式酸奶油列入行程。如果你不喜歡，一定是你哪裡有問題。（而且要記得打電話給我：我會去幫你把它吃光。）

同樣地，我無法想像有人不喜歡這款蛋糕，尤其是重度巧克力愛好者。你會不喜歡，可能是煩惱如何從鍋裡取出一塊完美、乾淨的切片。不過不用擔心，如果沒辦法切出一塊完美無瑕的蛋糕：我來分享在法國家庭用餐學會的——食物是用來享受，不是用來檢驗的。

有時我會把這款蛋糕冰凍後食用，這樣更易於切片，在炎熱的夏天裡，一小口摩卡法式酸奶油蛋糕配上一瓢爽口的柳橙雪酪（Sorbet，有人也稱作義式冰淇淋），或其他口味的冰淇淋，融在一起的滋味實在太享受了。

材料

半苦甜或半甜巧克力末　340 克 ｜沖煮的濃縮咖啡（或很濃的咖啡）160 毫升 ｜法式酸奶油（食譜見下）　60 克 ｜常溫雞蛋 5 顆 ｜鹽　少許 砂糖　100 克

步驟

1. 用奶油輕輕擦拭 9 吋彈簧扣平鍋，並用鋁箔紙封包，不致漏水。將此鍋放進一個更大的鍋，如烤盤，大到足以隔水加熱。

2. 預熱烤箱至攝氏 160 度。

3. 將巧克力和濃縮咖啡放入耐熱大碗。將大碗放在裝著微滾水的燉鍋，輕輕攪拌，直到融化均勻。從火爐上移開，放涼至常溫。拌入法式酸奶油。

4. 用立式的電動攪拌機高速攪拌雞蛋、鹽和糖約五分鐘，直到成形。

5. 將一半打好的 4. 拌進 3.，再拌入其餘雞蛋。

6. 將麵糊倒入備好的烤模。在烤鍋裡加入溫水，高度約至彈簧扣平鍋外側的一半，以便隔水加熱。

7. 烤 50 ～ 60 分鐘，直到蛋糕略硬，但中間仍然柔軟。

8. 將蛋糕從隔水浴鍋拿起，拿開鋁箔，並設置於架上冷卻至常溫。

盛盤：將刀子沿蛋糕外緣切開，將蛋糕從彈簧扣平鍋中取出。鬆開鍋外側的環。因為蛋糕很脆弱，我會用鋒利的薄刀，每切一片前，要先沾非常熱的水，並擦拭乾淨。你也可以用一段牙線（拜託，請用無添加香味的）來切蛋糕，要拉緊，並拉到整個蛋糕的直徑。這款蛋糕可常溫食用，也可以冷藏或冷凍食用，配上一勺冰淇淋或雪酪，或配鮮奶油和一匙巧克力醬。可以用水取代濃縮咖啡。

保存方式：這款蛋糕在常溫或冰箱冷藏可保存五天。如果包裹好，可冷凍保存長達一個月。

美味巴黎

SORBET ORANGE
柳橙雪酪 (4~6 人份)

餐後一杯簡單雪酪總是大受歡迎，或許再加一個濃郁的巧克力蛋糕或餅乾。要做最好的雪酪，得用新鮮多汁的柳橙；如果可以，請用多彩的血橙。在盛產期，柑橘汁也可以拿來用。

材料

鮮榨橙汁　500 毫升｜糖　100 克

香檳或乾白葡萄酒（可擇用）　2 大匙

步驟

1. 將 125 毫升柳橙汁和糖放在導熱較慢的鍋裡攪拌，直到糖完全融解。

2. 將糖混合物拌入剩下的柳橙汁，如果要用香檳，這時加入。

3. 徹底冷凍，根據冰淇淋機廠商的說明書指示，把它冰在冰淇淋機裡。

盛盤：如果冷凍，柳橙雪酪容易太硬；加些葡萄酒有助於防止它變得像石頭，但在食用前 5 ～ 10 分鐘，應該把它從冷凍庫取出，這樣才比較容易食用。

變化方式：如果你沒有冰淇淋機，可以改做柳橙冰沙（Orange Granita）。用 50 克的糖，或依個人口味加入適量糖，將其倒入淺的塑膠容器，並把它放進冷凍庫。當它結冰後，用叉子刮幾次，刮成冰晶體。

美味巴黎

CREME FRAICHE
法式酸奶油（250 毫升）

濃到誇張的法式酸奶油在巴黎每間起司店都可以找得到，通常是用大的陶製碗裝盛。這個配方做出來的也八九不離十。

材料

鮮奶油　250 毫升｜脫脂乳　1 1/2 大匙

步驟

1. 在乾淨的碗裡混合鮮奶油和脫脂乳。

2. 用一條毛巾或保鮮膜蓋上，並儲放在一個溫暖的地方 12 小時，或者直到它變濃稠，散發一些味道。冷藏備用。

保存方式：法式酸奶油可在冰箱裡保存達一個星期。

罷工苦

Elus socialistes et apparentés
à la mairie du 2ème arrondissement de Paris

Action municipale, prise de position, information locale…

Retrouvez l'actualité des élus socialistes de l'arrondissement sur le site Internet :

www.elusps-paris2.net

NON
AUX FERMETURES
DE CLASSES !
ECOLE

A Paris

Les établissements les plus touchés sont situés dans les zones les plus défavorisées ;

Sous couvert de "réforme", le gouvernement multiplie les attaques contre le service public d'Éducation nationale : moyens, programmes, statut des enseignants, suppression de la carte scolaire et remise en cause des filières professionnelles sont au cœur du plan de régression qu'il nous impose. Les inquiétudes sont profondes au sein de l'ensemble de la communauté scolaire : enseignants, parents et élèves sont unanimes pour dénoncer la politique de régression généralisée du

想像你們是一堆小傢伙的父母，每次只要他們搗蛋或者發脾氣時，你總是讓步並且滿足他們任何的慾望。反過來想，他們是成熟的大人，面對慾望的時候又該如何做呢？歡迎到我的世界來。

巴黎的罷工潮是出了名的，早已成為法國文化的一部分，而且還有季節性呢！從初秋再到隔年的五月，罷工及社會運動開始週期性發生。一般的進程是先有未來將發生罷工或示威的警告，抗議行動會在當天下午持續數小時（不論晴雨）。不久之後，抗議的群眾會跟政府官員會面，一如往常，官員一定會讓步並接受民眾的要求，大家才會滿意地回到工作崗位。

落腳巴黎之後，第一次遇上大規模、無限期的罷工是在二〇〇七年的十一月，而且進行時間超過一個下午。這一次就像一場鬥雞賽，也是法國總統薩科齊新官上任的頭一遭重要挑戰。因為他提出改革公共交通、電力、天然氣等部門的「勞工特殊退休體制」──這項制度要回溯到過去挖煤及其他用勞力辛勤工作的時代，體恤這些勞工可提前在五十歲時退休，今日看來早已不合時宜。──法國也因此花了好多錢。不過，我確定坐在售票亭賣票不是最「特殊」的工作，一定還有更「特殊」的。

同時，學生發起罷課聲援，教師、海關、郵政、醫護人員、公務員和稅務員、記者和電視從業人員也紛紛罷工。既然不可能回去工作，多家銀行隨之休業，整個巴黎幾乎停擺。

那些示威者與其坐在家裡、瞪著無聊的電視螢幕，或者再讀一次上星期的報紙，還不如參加美聯社所報導的「音樂、烤香腸和氣球，像郊遊的氣氛」那樣的慶典。在巴黎的罷工通常都頗為歡樂，有好吃的食物外加廉價紅酒，供你無限暢飲。老實說，我還滿心動的，

也想偶爾罷工一下。

跟多數人想的正相反，許多法國工人其實根本就沒加入工會。二
〇〇五年，加入工會的工人不到百分之十，在歐洲國家中是占比最
少的國家之一；同年，則有百分之十二的美國人參加工會。不過法
國工會還是握有比其他地方更強大的掌控力，比起美國更受到全面
的公民支持。

我記得住在舊金山灣區時，曾有幾次捷運大罷工。最初只是一件妨
礙公眾的行為，我的意思是「最初」的五分鐘，但時間一分一秒過
去，人群的不滿漸漸失去理智。街道被封閉，遊行民眾占據人行道
害得人們無法上班，直到中午人們對遊行者的耐性已到臨界點，協
商解決之道迫在眉睫。

相比之下，法國人對罷工的態度只是嘟著嘴、聳肩，表示莫可奈
何，像是在回答：「我們是法國人，這就是我們的行事作風啊。」

二〇〇七年底，當禁菸令被頒布執行，我就在想：「吸菸者會怎麼
做？走上街頭對抗這一年奪走他們六萬同胞生命的傢伙？」

沒錯，他們做了。最大的示威遊行發生在吸菸者末日的前四週，有
一萬人走上巴黎街道為維護自身權利，個個吞雲吐霧讓每個人都聞
到那惡臭又有害人體健康的煙霧。我不清楚他們的目的，即便在法
國，癮君子也很難獲得多數公眾的同情。再者，明智的衛生部長將
這項禁令宣為政令而非法律，就不可能再更改。然而，我很高興他
們的胸腔遠離菸害，而我們外出用餐時也能呼吸得更順暢。

另一組充滿希望的罷工團體是惹人厭的摩托車騎士，他們抗議不准

行駛和停放機車在人行道上的規定。我個人是不介意機車停放人行道上，只要繞過去就行；但我就是很氣機車飛行在人行道上並加速行進，嚇得行人紛紛四散走避。有一天在行人穿越道上等待紅綠燈時，我感覺有人在背後靠近，比平常都更具有侵略性。我轉過身發現那不是一個人，而是一輛機車的前輪正在推擠我前進。我不知道這裡是否有為行人伸張權益的遊行，但我倒是很樂意主持奪回路權一事。

奇怪的是消防員也來罷工，巴黎消防隊員在巴士底廣場上引爆大火，催促警察前來平息。這一幕可真是始料未及——穿防暴裝備的警察對抗消防員。

我就住在巴士底，那地方因為過去群眾包圍及掠奪聲名狼藉的監獄，以點燃法國大革命之熊熊怒火而著稱。兩百二十年後，我住所的門前台階依舊是巴黎大多數的遊行及罷工的起始地，好在不是常常發生，大約一天一次而已。

我用不著看報或新聞好瞭解罷工何時發生，只要聆聽窗外就知道了。當日常的交通噪音慢慢停止，緊接一片靜默，我就知道警察在封街，有事情發生了。上千人沉重的腳步聲朝我住處走來，整間公寓開始抖顫。來自舊金山的我頭一次遭遇此事時，嚇得我躲進桌子底下以為是地震。當人群聚集，無情的咆嘯、歡呼、尖叫聲透過擴音器漫開，空氣中有烤香腸的味道和刺耳的樂音，人群拿著旗幟、標語沿街走，接下來的數小時馬路會被堵塞，陷入一片混亂。

讓事情更糟的是堵住小巷弄的汽車駕駛會不斷猛按喇叭，天真得以為這一萬二千名抗議人群會停下，發善心讓他們通過。好處是我可以省下買報紙的錢；只消往窗外丟眼一瞥就能隨時更新訊息，掌握

眼下正在進行的事情。

第一次遇見示威遊行的我非常興奮。（法國人簡稱 manif；他們對此早就習以為常，頻繁的遊行讓他們來不及唸出每個字。）我簡直是著了魔，「看！走上街頭的那些人正用法語叫囂著。多麼吸引人啊！住這裡真好玩，我迫不及待下一場遊行了！」

然而當第二天⋯⋯第三天⋯⋯第四天都有遊行（有時候一天來兩次），那遊行的魅力就消失了——尤其是罷工工會的成員合力將工會海報貼滿整個街坊，在你家窗口下架設一牆的擴音機，每一個都是雷諾（Renault）汽車喇叭的尺寸，震天響的音樂配上激動的駕駛猛按喇叭。直到每個人都發表各自的想法，然後將烤肉架打包回家，我住的公寓才能恢復平靜。一定會有另一組工會的人來將燈柱、牆面及地鐵站上的所有海報拆下——前一組人馬是不會與這群人友好（fraternité）、共同負責（solidarité）的。

§

上述發生在二〇〇七年十一月的罷工潮是近代法國的轉捩點。尼古拉・薩科齊因承諾深化而強硬的改革，並且誓言更牢固法國豐厚的利益而當選。他拿破崙式的自我可是臭名昭著，而且脾氣幾乎是一樣地執拗難搞。曾經薩科（快樂法國人就這麼簡稱他）在美國電視談話節目〈六十分鐘〉現場接受萊斯莉・史黛爾（Lesley Stahl）訪談時，對她問及前妻因為紐約男友而多次離開他一事大感不悅，憤而站起與之永別。（此前，早有人訪問薩科齊前妻未來十年的計畫，她的回答便是「在中央公園慢跑」。）就在他引人爭議的選舉之後，讓法國人深表反感並倒抽一口氣的是他大膽的作風，搭乘朋友的豪華遊艇度假。其他令人詬病的還有他聲稱不喜歡酒、與美國

名人來往，和有損尊嚴的慢跑。

過去，前任總統雅各‧席哈克容易妥協，但薩科從一開始就聲明絕不讓步，而且人人都明白他說到做到。儘管罷工會導致整個國家停擺，他比那些抗議人士更加固執。

〇七年的罷工潮於焉展開。所有交通停擺，哪裡也去不了。假如你堅持從郊區來到巴黎市區，塞車三小時很正常。雖然大家都說這將是考驗新措施「Vélib（城市單車租借系統）」的好機會，我打的分數卻是F，因為每當我來到單車租借點，所有的單車都被借光；或者狡詐的巴黎人早就用自家鎖鏈把公用單車栓在單車架上了。

罷工維持十天之後，民眾不滿罷工者竟然高達百分之七十，天下沒有白吃的午餐，於是巴黎地鐵及公車駕駛紛紛開始回到工作崗位。在一場幾乎不為人知的調解中，工會同意與政府坐上談判桌。

當罷工者證明他們能連續數日挾持國家作為抵押，也表明現今的法國人真是受夠了少數高薪者的氣燄。全國上下都能感受到一種微妙卻強大的權力轉化；不論立場對錯，人群不再隱身工人之中。

§

一位共產黨員的巴黎朋友說：「法國人是因為自私才會罷工，出發點都是自己；他們為自身利益而罷工。假如他們說要走上街頭聲援其他工會（比如郵政人員和火車工人一起罷工），都只是因為他們將是下一波罷工潮。」

身為一名非正式的共產黨員觀察者，我不是很確定其說法的真實性。

我等著看街頭好戲上演（不過可不是我寓所前的街道喔）。法國人和政府可曾對工會及頻繁的罷工事件失去耐性呢？或者因事件終會回歸正常，而放任我們其他人在巴黎街上自理呢？

這我不敢肯定，但最近發生的兩件社會運動（mouvement sociaux）之間有相似點：在外用餐或坐在咖啡館時，少了二手菸讓我呼吸更健康；還有，不用和騎士爭道讓我更有安全感。我將讓薩科公爵與工會就工時的長短一較高下，但是可以拜託換地點到其他人的窗戶底下嗎？

美味巴黎

MELANGE DE NOIX EPICEES
五香綜合堅果（4 杯約 400 克）

在遊行之前幾天，公告就會張貼在各個公車站和地鐵沿線，我們可以跟著調整行程。不管他們多麼擾人，至少參加抗議的人還會為別人著想。

同樣地，當巴黎人要在公寓裡舉行派對，他們也會在大廳或電梯裡貼公告，讓鄰居知道他們即將有聚會，可能會很吵。我的鄰居很幸運，因為我的公寓太小，無法擠下大型、喧鬧的聚會。若我有客人，通常是相當低調的聚會。到目前為止，我還沒接過任何投訴。

這道是我最喜歡的聚會點心，我在家裡放一小盒的阿爾薩斯椒鹽卷餅（bretzels d'Alsace），這樣我就可以在客人來之前的一分鐘翻動幾下，變成一道很棒的零嘴。

材料

綜合生堅果（如山核桃、杏仁、花生、腰果、榛果） 275 克｜融化的有鹽或無鹽奶油 15 克｜紅糖 45 克｜肉桂粉 1/2 小匙｜辣椒粉或燻製辣椒 1 小匙｜楓糖漿 2 大匙｜無糖天然可可粉 1/2 小匙｜粗鹽 1 1/2 小匙｜小椒鹽卷餅 100 克

步驟

1.　烤箱預熱至攝氏 180 度。將堅果平鋪在烤盤上，烘烤 10 分鐘。

2. 同時，將奶油、紅糖、肉桂、辣椒粉、楓糖漿和可可攪拌均勻。

3. 將溫熱的堅果拌進 2.，讓它們完全均勻沾到香料，撒上鹽。

4. 混進椒鹽卷餅，平鋪在烤盤上烘烤約 15 分鐘，攪拌一次或兩次，直到堅果都裹上亮色，變得金黃。從烤箱取出，待完全冷卻。一旦冷卻，將結塊分開，即可食用。

保存方式：這些堅果可以放在密閉容器中儲存，在室溫可保存五天。

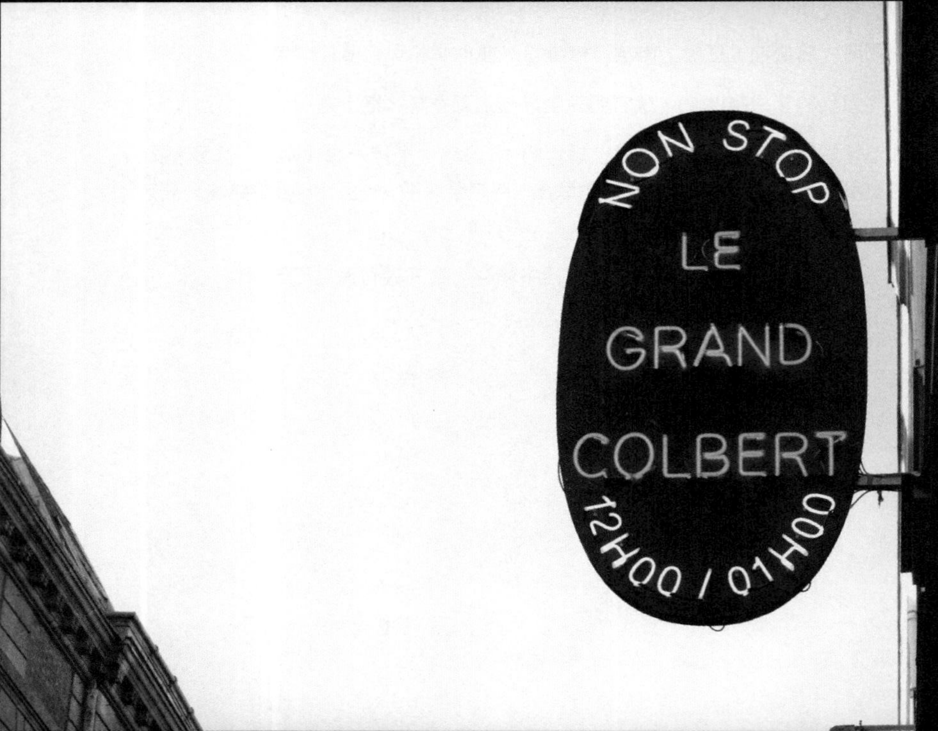
NON STOP
LE
GRAND
COLBERT
12H00 / 01H00

對旅居巴黎的美國人而言，最麻煩的事情不是千篇一律的罷工，或是和那些官僚作風的法國人爭論，也不是他們沒有所謂的顧客服務，買不到諸如糖漿、小紅莓、有機花生醬和巧克力脆片等必須品。其實那些訪客才是最討厭的。

起初，有朋自遠方來很好玩，你可以帶他們到自己最愛的餐廳！花一整個下午在博物館裡遊走！把在你家轉角處的迷人小酒館介紹給他們！光顧巧克力專賣店！最棒的是，你能夠知道大家最新的八卦消息。

只不過，一切都太快了！只不過一整晚到隔天上午才打開信箱，電子郵件如雪片般飛來並且持續增加，而這些信的主旨欄不是「告訴你一個好消息！」就是「我們來了！」或是「還記得我嗎？」最糟糕的是有些人以為我時間很多，隨時能停下手邊的事好迎接他們急迫的降臨：「這個週末……就到巴黎！」

若是認識的人通知你將在數月後拜訪就算了，可是一旦知道我住在巴黎，一夕之間我就成了萬人迷，紅得莫名其妙。不只是我的朋友，我朋友的朋友，還有朋友的朋友的朋友全都找上我。

喀啦！滑鼠一點……「嗨，大衛！我們是你兄弟的朋友的朋友，就是那個常幫他理髮的湯姆啦。他說既然我們要去巴黎就該去探望你，你會帶我們四處逛逛。」後續還更精采，「……我們找一天共進晚餐吧，因為我們倆吃素，但不吃蔬菜，所以你能幫我們點餐。對了，我妹妹對甲殼類過敏，而那三胞胎不能吃含麩質、乳製品，和任何有去氧核醣酸的食物（DNA）。天啊！我們真是迫不及待和你吃飯呢！」

迫於情勢所需，只要信中出現「受邀」二字，我就得想辦法把人聚在一塊用餐。就連「見面吃飯」都讓我意興闌珊，因為一旦答應「見面」就有我忙的了。

一開始，我會跟他們解釋菜單——通常會講兩遍，因為第一遍一般人是不會仔細聽的。然後，我得說明在法國用餐，醬汁不會被晾在一旁（法國料理首重醬汁，好的醬汁可以提升好食材的風味），不管有沒有要求，食物上總是淋上很多的奶油。

以下是難以言盡的形容：法國牛肉的切法與美國不相同。典型的法國菜單可能有一道「pavé de boeuf grillé（炙烤厚牛排）」，pavé 是形容厚片的東西，至於 grillé 的意思就很明顯了；被端上來的就是燒烤厚片牛肉。法國酒單上，「grape」這個字很少見，因為法國人點餐的時候不那麼在乎每件事物的來龍去脈，也不期望侍者敘述如何準備及呈現每樣東西。他們的信念就是相信主廚，任由他巧手煮出他們所點的菜。（多好的觀念啊！）

美國人強調個人，點餐之前都想知道牛排是切自哪一部分？如何烹煮？在哪裡飼養的牛？農場有多遠？牛吃什麼飼料，過得幸福嗎？醬汁裡含有什麼？搭配什麼樣的食材？（可以換嗎？）我們可以一同分享嗎？吃剩的可以打包帶走嗎？我可是費了好大的勁克制自己不要咆嘯：「你就點那該死的牛肉，吃就是了！」

最後的那一根稻草是我竟然蠢到答應和一位朋友的朋友之類的人見面，他在我曾最愛、位在瑪黑區的一家咖啡館對侍者發飆；那名總愛跟我開玩笑的迷人侍者對這位用英語點飲料的傢伙說：「你應該試著說法文，畢竟你身處在法國啊！」為此，我那位「親切」的客人竟怒目以對，「你懂什麼？我根本不想試。」我當時一副要溜進

桌底下的樣子一定很拙，我只好大口喝完飲料，盡快而有禮貌地離開那裡。從此，我再也沒臉回去，也永遠謝絕訪客。

§

幾年之後，紐約最佳餐廳「City Bakery」的老闆莫理‧魯賓（Maury Rubin）來信，他介紹了一位打算來巴黎逗留一個月的朋友，我決定重新審度「謝絕訪客」的原則，因為只要有莫理的保證，這個人一定不錯。再者，我可不想下次去紐約的時候被掃地出門，吃不到鹹可頌。

你若不知道「City Bakery」這個比中央車站（Grand Central Station）還繁忙的地方，那麼最快的方式就是認識它濃郁的熱巧克力，其上還有自製的豪華棉花糖融化著，或者是一片飛盤大的巧克力脆片。有些人妄想一次吃下這兩樣，一聽就覺得很困難；其他人則想挑戰一片法國吐司，但這吐司之厚足以餵養法國的四口之家。再來還有我前面提過的鹹可頌，我上回去的時候還能一次獨享三塊，謝天謝地！我的朋友都識相地沒來跟我分食。

莫理是名強硬的紐約客，到洛杉磯開了一家分店卻一直難以融入我們這些西部沿岸族群。他打趣著說要做一道活動門，只要有人提到「節食」二字便立刻開門送他出去。

莫理的朋友原來是南西‧梅耶斯（Nancy Meyers），她是知名的美國導演兼編劇，最成功的電影就是《愛你在心眼難開》（*Something's Gotta Give*）。我之所以記得她不只因為電影，也是因為住在附近孚日地區的好友路易斯的半夜驚魂叩：「馬上來這裡！」當時那正在拍攝傑克‧尼克遜（Jack Nicholson）漫步巴黎街頭。不過我那時候

還在帕尼斯餐廳工作，並沒有立刻動身前去。

於是我決定打破自己立下的規定，破例為「謝絕訪客」開道便門。

在莫理安排之後沒多久，南西和我天天通信，我不斷介紹她位於賈各街（rue Jacob）租處附近所有我喜愛的美食商店；我堅持她到「達‧羅莎」（Da Rosa）買幾瓶克莉絲汀‧法珀果醬和幾塊橢圓形的讓‧尹夫‧伯迪耶手工奶油（Jean-Yves Bordier）。我還告訴她一定要到「起司店31」（Fromagerie 31）向店員購買起司，而每日所需之雜糧麵包一定要去舊劇院街（l'Ancienne Comédie）上的「艾瑞‧凱瑟」（Eric Kayser）麵包店買。還有一下飛機先別整理行李，務必直奔「皮耶‧瑪歌尼尼」（Pierre Marcolini）買裹著巧克力的棉花糖。（現在回想，她當時一定覺得我瘋了；我竟然安排她整個假期繞著食物轉！）

終於我們見面了，她一派的悠閒確實如法文形容的「很灑脫（très cool）」，最教人興奮的莫過於她對所有我推薦的地點都很著迷。她問我哪裡可以吃到最棒的海味，我卻只能想到「圓穹餐廳」（Le Dôme）。我曾經去過一次，服務生快速地領著我通過那群正歡快享用著海鮮（fruits de mer）的巴黎人，他們的盤子上有成堆的銀白牡蠣、碎蟹肉及同龍蝦長的海螯蝦。有個人正回過頭，我這才發現原來這裡是身穿運動衫、繫著腰包的美國人聚集所在。我約一位甜點師在這碰面，她剛以五千五百萬的價碼賣掉她在附近的烘焙坊，而我們的穿著光鮮如同主餐廳裡的客人。這讓我聯想到能坐在這華麗鑲金的餐廳該是一件快樂的事，但對思想家則不然。

隔天早上，我們都因為那煉獄般的午餐而捂著肚子在浴室裡折騰一晚，以至於那天虛弱得無法按照原先精心規畫的巴黎甜點行程走。

不過我卻體悟到既然巴黎再度給我人生的希望，而我也又給了「訪客」第二次機會，為何就不能向一切懺悔，也給「圓穹餐廳」一次機會呢？

這一次南西和我被帶往一處豪華雅座，隔著鮫魚佐油炸奶油洋芋的上空，我提供她更多巴黎熱門美食去處，她則分享同樣多汁的好萊塢八卦交換。這次餐廳提供的服務實在太正確了（très correct），自信又帥氣的服務生隨侍在側，修長的圍裙繫在他們的腰間，仔細上過漿的衣領則高高豎著。我跟南西談到這樣的服務真好，她則回答我：「嗯，假如你真想知道明星級待遇，就應該來看看我在『大高貝爾』（Le Grand Colbert）餐廳所受到的禮遇。」

為那些我所不知道，卻是所有中年女子都深刻在心的畫面，即是《愛你在心眼難開》的最後一幕；黛安·基頓和基努·李維在「大高貝爾」共進晚餐，享用她在片中許多時刻都在盛讚的烤雞。（儘管在南西將其寫進劇本前，菜單上根本就沒有這道菜。）巴黎侍者一般都不容易讓人留下印象，更讓我渴望親身感受所謂的「明星級待遇」，於是我打電話到「大高貝爾」預約下週的午餐，即使是不重要的預約，電話那頭的語氣依舊快樂。

「先生你好（Bonjour, monsieur），麻煩您（s'il vous plaît），我想訂位。」（喔，對了！這就是我學到的第一句法文。）
「好的，請問先生要預約哪一天呢？」
「星期二。」
電話那端一片寂靜，只聽見他匆匆翻著預約本子，傳來紙頁的聲響。「是，哦…（停頓）…幾點呢？」
「下午 1 點。」
「好的。」

我聽見筆觸紙張潦草書寫的沙沙聲。

「先生，請問有幾位？」
「兩位。」

又是默然無聲，又是筆觸聲。

「尊姓大名？」

我的耐性已達極限，只好深吸了一口氣再說「南西・梅耶斯」。我往後站，再向前做了一個誇張的下腰動作。這一次對方又讓我等更久了。

「南一絲・梅一偶茲？」他用高八度的聲音問我。「是那位導演嗎？好的，先生。沒有問題。」（La directrice? Mais oui, monsieur! Pas de problème!）

我曾去過「大高貝爾」一次，老實說我一直懷疑著。窗戶釘著用塑膠片壓製而成的英文菜單，還有褪色的電影海報實無法證明這家餐廳的食物之美味。菜單上可笑的粉紅色字跡跟法國小酒館全然不搭，更別提那稍微有些年紀的外觀，這個地方對我毫無任何吸引力。我真想衝去在巴黎皇宮附近的「大翡芙」（Le Grand Véfour），不過想歸想！信用卡總有額度上限，我可不想跟自己過不去。

然而走進去之後才發現「大高貝爾」的的確確是典型的巴黎小酒館，一徑到底的鏡面牆、漿過的亞麻餐巾、端著牡蠣盤的侍者穿梭室內，還有陳舊、泛黃的天花板是被數十年瀰漫空氣間的高盧菸燻染出來的。結果餐點還算不錯，我也不是特別想逃走。

當我騎著自行車在勝利廣場上飛馳，馬背上的路易十四雕像正凌駕於我之上時，我跟自己說好在南西面前絕對不喝任何飲料，才能維持最佳狀態。我向來有個壞習慣，每當參與社交時總是不加思索就將我眼前的飲料一飲而盡，要是跟名人在一起便會特別嚴重。不管是水、萊姆酒、果汁、紅酒、苦艾酒、冰茶、卡瓦酒、香檳，或是伏特加，只要一杯在手立刻消失。

我們一坐下，兩只冰鎮過的香檳杯隨即奉上。我立馬抓起杯子，將冰涼細薄的杯緣往唇邊送，一口氣就喝下四分之三。南西則優雅地淺嘗一口，傾身靠著桌子。

我總是訝異我的記者朋友如何在面對大人物時，能輕易地抽出筆記本並且快筆疾書。我卻是常有無法專心的障礙！當南西履行承諾，回答我任何問題的時候，我拿出 Moleskine，試著表現尊重之意。我問她傑克和基努兩人有何相似之處？（*我愛他們。*）為何選擇基努・李維？（*他是明星，卻夠特別，不會被傑克外放的演技所影響。*）黛安・基頓的表現有多棒？接著，她提到丹尼爾・克雷格，這下我可是洗耳恭聽！

丹尼爾・克雷格？《愛你在心眼難開》裡沒有他的角色啊！

好吧，他是跟這部電影無關，也跟「大高貝爾」無關。不過，她吐露他為了另一部電影，曾穿著能顯現肌肉的緊身襯衫到她的辦公室。說真的，她形容他性感的腹肌不僅平坦，還是凹陷的。她的手在空中優雅地上下比劃著弧線，這甚至比「美好年代」（Belle Époque）的事物更教我吃驚。我真該讓她替我在始終空白的筆記本上畫的，只是那樣會更讓我顯得不專業。

幸虧我的領結牢牢地掐住氣管，這或許是好事吧！

比起名人的佚聞，眼前更重要的是先填飽肚子，點餐吧！我杯裡的香檳快沒了，但我才不想揮手向服務生要酒呢！而南西則是還沒習慣法國人中餐配酒，只喝了幾口，害我真想問她，「喂，你會喝完嗎？」

問題轉到食物上，我問南西：「為何要選『大高貝爾』這家餐廳？為什麼是烤雞，特別是當時的菜單上根本沒有？」

其實，她原本設定的是位在左岸的一家熱門景點「利普啤酒館」（Brasserie Lipp），它和花神、雙叟咖啡館同是巴黎名人薈萃的餐廳。隨著拍攝時間接近，「利普」的某位管理階層變了卦，做出不聰明的決定，不讓劇組在此開拍。於是南西另尋他處，找到同樣經典的巴黎小酒館來拍。塞翁失馬，結果讓她更開心，「大高貝爾」的老闆也喜出望外地跟她說餐館的業績竟成長了百分之二十，而且一直都這麼好。（不過沒人知道「利普」的反應。）

至於烤雞？南西本身是不吃肉的，她不記得是如何想出「世上最著名的烤雞」這句台詞。她只是想厚片牛肉或小羊腿不會是黛安．基頓所飾演的艾瑞卡．貝瑞，一位拘謹女作家所心繫狂想的。因為事前正確做好製作烤雞的準備，之後主廚交出體面的菜單。所以若是你到此點了一份烤雞，也許說不上是最棒的卻也非常好吃。該死！如果連黛安都說好吃，那麼對我也同樣受用。

那天，南西和我是這整間餐廳裡唯二的美國人，我們周遭皆是附近證券交易所過來的商人。沒有人注意到因為南西而引起的小騷動，只除了餐廳領班，帶著一本剪貼著《愛你在心眼難開》（此電

影在法國翻作《一切都可能發生／*Tout Peut Arriver*》）劇照的簿子過來。和南西一塊坐在那兒享受所有員工的奉承，我「總算」是來過，不枉此行了。

餐廳裡除了超乾淨的化妝室，還有另一項美國特色；電影裡放置烤雞的桌子後面有一塊好萊塢式的場記板，上面寫著「南西．梅耶斯」；不論你住在巴黎多久或多有名氣，偶爾扮演觀光客還是滿有趣的。離開前，南西和我快速拍了幾張照片，一起走進巴黎歡快的氛圍裡，朝往巴黎大堂（Les Halles）到「MORA」（一八一四年成立，是巴黎老字號廚房器具專賣店）為她尋找製作翻轉蘋果塔（tarte Tatin）的平底鍋，並就近探訪美食。

我很高興自己只喝了一杯容量細長的香檳，不過回到家才發現自己的筆記潦草、粗略。我看啊，比起當記者我更適合當飯友吧！最後得出的結論是以後我願意視訪客身分來決定，若是你想來巴黎找我，我們可以先聊聊，但是 VIP 服務絕對的必要條件。當南西回到巴黎，我一定為她騰出時間；若是黛安碰巧也來巴黎，我想我會安排一頓晚餐；要是哪天收件匣出現了丹尼爾．克雷格的來信，即便是最後一分鐘，我也絕對有空。

美味巴黎

SAUCE AU CHOCOLAT CHAUD DE NANCY MEYERS
南西・梅耶斯的熱巧克力醬 (250 毫升)

我想，我應該沒有資格編輯好萊塢最佳編劇的作品，所以，我想我還是小心緊跟著南西的指示。在她寄給我的食譜裡她寫道：「……在小鍋裡翻動，攪拌，然後馬上吃掉。」

我照做了，不得不同意傑克・尼克森說的：這是一鍋超級熱巧克力醬。它非常、非常濃，雖然我不想介入一個女人和她的巧克力之間，但建議你可以在最後加一點牛奶，調整濃度。這個食譜也可以加倍。但我覺得一點就可以吃很久。

材料

切小塊的無鹽奶油 45 克｜砂糖 65 克｜紅糖 70 克｜無糖可可粉 50 克｜鮮奶油 80 毫升｜鹽 少許

步驟

1. 將所有材料倒入燉鍋，用小火攪拌，直到奶油融化。

2. 繼續用小火煮，不停地攪拌鍋子的底部和兩側 3～5 分鐘，直到糖融化，巧克力醬呈均勻狀。立即享用。

儲存：巧克力醬可冰箱冷藏達一星期。加熱時放在雙層蒸鍋的上層，或用微波爐加熱。

美味巴黎

LE CHEESECAKE
起司蛋糕（9吋，12～16人份）

南西在好萊塢並非以編劇起家，而是起司蛋糕師傅。從她住在 Tinseltown 開始，她決定要烤蛋糕、賣蛋糕，因為這是她可以在家忙著打字之餘，還可一邊做的工作。沒想到很快就被訂單淹沒，但她家裡只有一個烤箱，她想到一個辦法：出錢付鄰居的電費，讓她使用他們家的烤箱，以滿足訂單的需求。不幸的是，她已經發誓保守祕密，並發誓絕對不透露起司蛋糕的私房食譜，即便她的寫作生涯已飛黃騰達。但因為我的工作正是分享食譜，我很樂於分享我的食譜。

法國人愛費城品牌的奶油起司和起司蛋糕，如果找得到，甚至比美國人更愛。不管你住哪裡都不要緊，烤美味的起司蛋糕不需要被文化忠誠受限，重要的守則是：攪拌時不要太久，而且注意不要過度烘烤。

材料

【酥皮】

融化的無鹽奶油 60 克｜全麥或薑餅餅乾屑 100 克｜糖 2 大匙

【起司蛋糕體】

乳狀奶酪（需先置於室溫） 900 克｜糖 250 克｜檸檬皮 1/2 量｜香草精 3/4 小匙｜常溫雞蛋 4 顆｜麵粉 2 大匙｜原味全脂優格 120 克

美味巴黎

材料

1. 製作酥皮時，輕輕用分量外奶油擦拭 9 吋彈簧扣平鍋的底部和兩側。預熱烤箱至攝氏 190 度，將烤架放在烤箱上面三分之一的位置。

2. 將全麥餅乾屑、糖和融化的奶油混合，直到餅乾屑都潤濕。將餅乾屑在鍋底壓成薄薄的一層，邊緣微微較高。可用玻璃杯的底部壓平。

3. 烤酥皮 12 分鐘，直到變成金黃色。將鍋放在一旁的冷卻架，同時準備麵糊。將烤箱轉至 260 度。

4. 準備麵糊時，先將乳狀起司和糖放進立式攪拌器低速或用手打 1 分鐘，直到麵糊看不到結塊。加入檸檬皮和香草精。

5. 一次打進一顆雞蛋，攪拌均勻，也要記得刮碗邊緣，以便和乳狀起司混合。加入麵粉。

6. 加入優格，直至完全混合，但不要過分攪拌。

7. 將麵糊倒到酥皮上，烤 11 分鐘。

8. 保持爐門關閉，將烤箱溫度調至 100 度，繼續烤 40 分鐘蛋糕，直到當你輕輕搖晃烤盤時，它會輕輕搖出約 7 ～ 10 公分的圓圈；它會看起來中心也快好了。不要烘烤過久。

9. 將蛋糕從烤箱取出，放在架上冷卻至室溫。

盛盤：起司蛋糕冷藏至少三小時後方可食用。用刀子沾些溫水再切片，會比較漂亮。

美味巴黎

保存方式：約可冷藏五天。

起司蛋糕的愛好者各有偏好，有人喜歡吃有些冰涼的起司蛋糕，有人堅持要吃室溫的。如果用保鮮膜包好，再緊緊包一層錫箔，起司蛋糕可以放冷凍達兩個月。解凍時保鮮膜和鋁箔都讓它原封不動，以避免水汽凝結在起司蛋糕上。

萬事俱足

許多像我這樣一個搬到巴黎、睜著大眼面對任何事的生手來說，多半是期望異鄉如故鄉。甚至有些商家為了迎合那些思鄉情切而願意掏錢的美國人引進一些微波食品，像是爆米花、罐頭湯、培根丁還有奶油替代品。

既然我的食譜主要是為了美國人而寫，在這裡尋找相對應的常見食材也是我工作的一部分。搬來巴黎後，我花了幾個月尋找自己最常用的東西，期望找到批發商，因為我經常會在一週之內吃掉十磅黑巧克力片，有時候還會當作烘焙用。

我一直花好多歐元買來精緻的巧克力片，再片成小塊，不過我相信搬到巴黎這樣的美食仙境，一定能找到特厚的巧克力片和更大包的可可粉，這樣我就不必一一撕開超市賣的小包裝。

另外，我得找到替代品。想在這裡找到玉米糖漿很難，平常我是省著用，萬不得已才用在特定的糖果製作。我知道世界級專業用的葡萄糖會是很棒的替代物。既然巴黎是世界甜點之都，我猜葡萄糖一定潛伏在某一區，我必須找到它。

§

一到法國，我立刻就到「MORA」買齊我廚房裡所有需要的東西。這家店因專賣廚房用具而著稱，是點心師傅和烘焙業者來到巴黎必訪之處。於是我在那裡問到一位穿著白色罩衫、很可愛的女人，隨時都能提供熱心服務。（如同其他巴黎店家，我早拿美式布朗尼去攏絡主事者，所以他們當然會記得我，而且永遠記得。）

我被指引到門口，走過繁忙的艾田·馬賽爾（Etienne Marcel）大

街，來到一間斜傾著橘色雨棚正遮蔭幾扇木窗框的店面，窗前擺滿好多我未曾見過、特別的食物，讓我迫不及待想走進去。

這家店名叫「G. Detou」，這是一種文字遊戲，法文字母「G」發音像英文「J」，所以「G. Detou」唸來就像「J'ai de tout」，就是「我什麼都有」的意思。對我這個貪吃的烘焙者來說，我很開心地向大家報告他們的確如此，所言不虛。這家小店是我個人的麥加，每週必定前往的聖地；而門口上粗黑色的大字寫著「POUR PATISSERIE（專賣糕點）」對我也有同樣的衝擊力道，彷彿他們正鋪展紅毯迎接我的到訪。

這家店就位在巴黎大堂附近，被作家愛彌兒·左拉（Emile Zola）形容為「巴黎之胃」（Le Ventre de Paris）的區域。近千年以來，巴黎大堂是法國所有飲食的集散地，有一座興建於一八五〇年，以玻璃和金屬為結構的雄偉建築俯視整個區域。只可惜在一九七一年整座市場被拆除，所有的批發生意都被趕到蘭吉（Rungis），靠近奧利機場（Orly Airport）的一棟摩登卻毫無生氣的建築。而今取代其地位者，恰恰好是位在世界最美之都的中心，即世界最醜的建築，這座鋼骨與玻璃外型的怪物裡充斥著連鎖商店、速食餐廳、扒手和街頭遊子。

在巴黎大堂還僅存著幾間廚具店，依舊保留過去的時代精神。他們之所以成功存活是對現狀的妥協，因為絕大多數的客戶不再是那些隨時向供應商下訂的專業人士，而是城外的主廚和廚子，當然還有觀光客。最有名也最討厭的商家就是「E. Dehillerin 廚具專門店」，拜茱莉亞·柴爾德、瑪莎·史都華，和查克·威廉斯之賜，這裡的店員老愛跟美國觀光客提起他們。不久之前，你還不得不向那些正靠牆抽菸或者還宿醉未醒的銷售員求助，這下他們倒是挺積極的。

我確信現在一定有獎金制度，因為即使我的手肘不小心拂過鏟子或者平底鍋的把手，立刻就有一張笑盈盈的臉迎上前抽走架上的商品，打包好就把我推往那名手裡拿著帳單、急巴巴等著的收銀員，客人就算刷卡也行。在開口抱怨「我只是看看而已。」（Je regarde, s'il vous plait.）之前，大勢已瞬間底定。

假如你走神或容易為人脅迫，你可能無法像我這麼容易離開。這些商品品質當然好，價格也不壞（尤其是銅鍋）。但是我看著那些駝著購物袋離開的人，他們帶走的物品可能一輩子都用不著，很有可能在隔年夏天的車庫拍賣會中隨著一則好故事被賣掉；故事是關於鳶形銅製蒸鍋的由來、那些專門用來烤瑪德蓮的古樸扇形烤盤，或是一整組熠熠生輝、銅製的可麗露模型，曾經他們也想過按照瑪莎在電視節目裡指導的步驟，從這些器具裡倒扣出小蛋糕。

在「G. Detou」店裡的每樣物品都能吃，而且店員也都安分職守崗位不來打擾，所以你買東西確實都能用到。好幾次，我不是看見識途老馬大量採買、備貨，就是那些膽大的廚子正在查看值得嘗試的新商品。

有一回，一位導遊正帶團入店，我習慣性地在旁偷聽，就因為她不懂那些架上商品的好，我實在對她的客人感到遺憾。於是雞婆地大聲指正她形容為「有點像法式巧克力」的法芙娜孟加里巧克力（Valrhona Manjari）其實很獨特，融化的巧克力會變成美麗的紅棕色，還有一種特殊的、以果酸為主調的豐富口感是其他巧克力所沒有的味道。結果她河東獅吼並瞪著我，「那又怎樣？誰會在乎？」接著轉身快速集合所有團員，把他們帶離我這個瘋子。

我可不是唯一瘋狂在乎那些細節的人喔！十多年前，自從買下這

家店以來，那位活潑的老闆約翰－克勞德‧湯瑪斯（Jean-Claude Thomas）就不斷改造並擴充店裡的商品種類以反映最新飲食趨勢，也改善他對法國傳統備用品的選擇。

能在店內相對的兩排架上輕易找到幾乎所有法國最好的巧克力，再沒有人比我更開心！這一頭有三至五公斤重、專業盒裝的金幣巧克力（pistoles），及一疊疊鋁箔包裝的長方形薄片巧克力（tablettes）；而另一頭則有來自米歇爾‧柯茲（Michel Cluizel）、偉斯（Weiss）、法芙娜、伯納（Bonnat）和瓦贊（Voisin）等小型巧克力商的巧克力棒。湯瑪斯先生告訴我有百分之二十五到三十的顧客是專業人士，其餘的客戶則經常變動。

他說的沒錯，上次我在那兒看見一位嬌小羸弱的老夫人拄著拐杖走進來，指名要三公斤的可可巴芮（Cacao Barry）白巧克力，又急急忙忙地離開。（難道又是趕截稿的食譜作家？）沒多久又闖進了一位臉很臭的男子，他抓了一把三公斤重的黑巧克力棒，大聲要了一盒開心果軟糖和一罐玫瑰軟糖。整個過程，他一邊和售貨員正面交鋒，一邊則繼續和手機那頭瘋狂舌戰，而他的汽車引擎正在外頭哭嚎不止。

店裡另外一角有兩名日本女子正交頭接耳，看見每樣東西便手遮著嘴、嗚啊討論著。窗邊，有個人則專注細看櫃子裡令人眼花撩亂的茶包，他是如此專心地想在一堆精緻的俄國茶罐裡找到他要的。

撇開我每到必先訪的巧克力櫃不說，你還會發現最棒的柑橘蜜餞（不是綠色、黏膩的那種）、手工去皮的水果浸在糖水罐裡、純手工製的芥末（沒想到有這樣的東西！）、布列塔尼李子鮪魚罐頭、椰子、萊姆和乾辣椒；道地的第戎芥末醬和愛德蒙‧斐

洛（Edmond Fallot）辣芥末油，還有一整櫃製作分子料理、叫不出名的添加物，這個風潮至今仍讓我困惑——過去十年，人類不會就只是嘗試著想從食物中得到這些東西吧？

若有需要，也能在這裡找到無糖的小紅莓汁及亮綠色的西西里開心果、「Trablit」咖啡萃取物、可以用很久的委內瑞拉可可仁包裝（這很划算，不過得找人合買，除非你打算開一家巧克力工廠）、烏斯特郡（Worcestershire）醬汁（這個名詞真難唸，連我的法國友人都覺得有趣）、正港巧克力片（找到的時候，我幾乎要尖叫）、糖漬的茴香籽（注意囉！我可是有幾次用茴香做點心的失敗經驗），和人人都愛的填鴨脖子罐頭。還有最讓美國人開心的就是不沾黏噴霧，上面標示的「僅限專業使用」讓我明白為何一般的法國家庭廚師從沒聽過它；因為這裡所謂的專業都有自己的領域。是的，這裡當然也有好幾桶難找的葡萄糖。

當湯瑪斯先生接管這家店之後，他開始以法國特產如來自土魯斯珍貴的糖果和來自單一產區的巧克力取代架上數十年的灰塵。他也結交一些巴黎主廚，時時留意料理和烘焙的趨勢並開始蒐羅其他國家少見的食材滿足年輕人好嘗鮮的習性，包括楓糖和大胡桃。從此，在時髦的 BOBO 族群（布爾喬亞＋波西米亞）當中變成一處潮地；當然也受到一些美國人的青睞。

當我出現在「G. Detou」的時候，店員都帶著好奇的眼神打量。我突然出現在這裡還鑽研架上的商品，間或提出幾個關於巧克力的問題，挑了一盒巧克力就結帳離開。就這樣過了一段時間，我開始在問題中透露我的職業，再加油添醋賣弄一番，好讓他們不會魚目混珠，賣假貨給我。在法國，只要你對商品顯露一點興趣或知識，絕大多數的專賣店一定出售良品，正是因為在這類商店裡工作的員

工絕非低階受薪者而是專業人士，對商品瞭若指掌。我節儉的天性（這是遺傳自我的祖母）導致我買下被束之高閣看起來不是很優的巧克力，也同時買到了教訓。我想他們將這樣的商品放在那兒純粹是為了「什麼都有、什麼都賣」的保證，卻又矛盾地將商品放得老遠，不讓人摸到。

我不但是好客人，還會帶親手做的布朗尼和食譜來給他們，沒多久就擄獲人心啦！法國人閱讀速度之快就像美國人怒吃布朗尼，在這屬於讀者的國度裡，作家的地位如同美式足球員一般崇高。如果你寫的是巧克力和冰淇淋，又剛好會做殺手級的布朗尼，那麼你就能為主場隊順利達陣！

有一天，湯瑪斯先生拉起一條掛著「非請勿入」（RESERVE：Accès limité au personnel）的繩子，帶著我穿過下面走到後室；那裡珍藏的特殊食材是要供給有品味的人士。井然有序的木造櫃子上擺放整潔且分類清楚、容易拿取的物品，我默默記下這一切，心想回頭也來幫自家重新整理一番。（嗯，眼下雖不中亦不遠矣。）

我們四下走動，他為我介紹麻布袋中烘烤過、香氣撲鼻的可可豆，也是我喜歡拿來啃咬的豆子；還有一盒盒排列整齊、精緻的糖漬紫羅蘭，以及他要我別說出去的其他物品。我們這些當廚師的本來就會留一手，不是嗎？

真正叫我吃驚的是他竟然指著通往下面一片漆黑的樓梯，問我想不想參觀地窖！他說那可是外人絕對看不到的，「這是一定要的！」我當然全部都想看。

踩著歷經歲月踩躪過的石階而下，我們到底了。啪！一盞燈亮起。

眼前宏偉的石拱和四面八方的隧道直教我驚詫站不穩，「哇！」是我第一也是唯一的反應。有好一會兒我就像個鄉巴佬，帶著敬畏的心情不斷地「哇！哇！哇嗚……」。

當我們在近黑的空間裡走動時，我的心半揣測著腳下有可能是幾具靜靜躺在墓穴中的骸骨。我撫摸著巨大的石塊，他說這裡原來是舊城牆，昔日的巴黎地層要比現在低約三十尺，同其他的老城一樣，建築物是一層一層堆疊的，又有誰會知道我循著巧克力、乾果、蜂蜜和杏仁找來的這間小店鋪竟然坐落在歷史之上？

很可惜就烘焙食品來說，這裡因為濕氣太重無法存放太多東西，湯瑪斯先生也不會放任何可食的東西在這兒。待在這裡，時間好像凝止，我不時地摸著這片冰冷潮濕的牆直到我看夠、滿意為止。

如今，這家店從頭到腳所有的商品我都看過了，我敢保證「G. Detou」名符其實，我要的通通都有。我還幻想要搬進去，餘生都要住在那裡並且試吃所有法式巧克力和糖果直到終了。果真如此，我好奇百年之後當人們在地下室發現一具骸骨，手裡還抓著一只空麻布袋和一小桶葡萄糖，他們會怎麼想呢？不過我應該會有一個完美的葬禮，我建議墓碑上的提字是：「萬事俱足」。

美味巴黎

MADELEINES AU CITRON
檸檬瑪德蓮蛋糕 (24 個)

儘管普魯斯特曾經描述過，但我不認為這種小蛋糕原來就有那麼「駝背」，而僅僅是一個溫柔的曲線。在這曲線的某處，加入了一點烘焙粉，然後，Voila（好了）──一件大事誕生了。如果你堅持這種蛋糕必須有個大駝峰，請注意，我在食譜裡加入了泡打粉。雖然純粹主義者可能堅稱這樣不夠傳統，但我們也可以說，麵包師傅採買雞蛋或麵粉也不符合傳統，傳統上，人們都自己養雞，自己種小麥。某天，有位懶惰的麵包師傅崩潰了，他從別人那裡買了雞蛋和麵粉，敗壞了整個傳統烘焙的體系。既然它已經被毀了，請安心地添加泡打粉。

我在 MOMA 買了瑪德蓮蛋糕模，不沾黏的。但使用時仍然需要塗一層奶油，確保能敲下每一個小角落和縫隙。我也發現，最好把模具放在爐架靠上的架上，這樣上下兩邊比較烤得均勻，因為模具的金屬底顏色較深，容易吸熱。

如果你是那種下次跳蚤市場時就會把那些模具賣出去的人，歡迎你直接到巴黎享用瑪德蓮。我發現一家製作最完美的瑪德蓮蛋糕的麵包店，就在巴黎第十二區，剛好俯瞰一座壯觀的廣場的 Blé Sucré。另一家可愛的 Farbrice Le Bourdat 麵包店，有我吃過最美味的瑪德蓮。這促使我發明自己的版本。為了確保每個小蛋糕都和他們的一樣柔軟滋潤，我把每個蛋糕都裹上一層檸檬焦糖。

材料

【瑪德蓮蛋糕】

無鹽奶油，融化，冷卻至室溫　**135 克**｜常溫雞蛋　**3 顆**｜砂糖　**130**

美味巴黎

克｜鹽 1/8 小匙｜麵粉 175 克｜泡打粉（不含鋁） 1 小匙｜檸檬 1 顆量

【檸檬焦糖】
糖粉 105 克｜現榨檸檬汁 1 大匙｜水 2 大匙

材料

1. 將瑪德蓮蛋糕模具塗上一層奶油（分量外），輕輕撒上一層麵粉，抖掉多餘的麵粉，放進冷凍庫。

2. 將雞蛋、砂糖和鹽用立式電動攪拌機攪拌 5 分鐘，直到起泡、黏稠。

3. 過篩麵粉和泡打粉，倒進麵糊（把攪拌機的容器放在濕毛巾上固定，避免滑動）。

4. 將檸檬皮加進冷卻的奶油，將奶油分數次放進麵糊，攪拌均勻。每次都要等奶油完全融入麵糊時，再加入奶油；直到放入所有奶油。

5. 將容器加蓋，將麵糊冷藏至少 1 小時。（麵糊至多可冷藏 12 小時。）

6. 烤蛋糕時，預熱烤箱至攝氏 210 度。

7. 用兩根湯匙，將麵糊倒進有鋸齒痕的蛋糕模中心，分量多寡就是你判斷當烤箱整個傳熱後，麵糊會膨脹到模子的頂部。（你得看得很精準，但這不是腦部手術，所以不精確也不用擔心）將麵團留在蛋糕模裡，不要抹平。

8. 烤 8 ～ 10 分鐘，或直至蛋糕感覺有彈性，烤得剛剛好。烤蛋糕時，一邊製作焦糖：將糖粉、檸檬汁和 2 大匙水一起攪拌均勻。

9. 瑪德蓮蛋糕從烤箱中取出，並脫模放在架上待涼。等到它們夠涼的時候，把蛋糕兩面沾一些焦糖，將多餘的糖用一把鈍刀刮掉。沾好後，把每個蛋糕放回架上，扇形的一面朝上，讓蛋糕冷卻，直至焦糖都變硬。

保存方式：塗上焦糖的蛋糕最好是放著，不要加蓋；最佳的食用時間，就是當天（這應該不難）。在密閉容器內，蛋糕可保存三天。我不建議冷凍，因為焦糖會融化；但如果是沒上焦糖的蛋糕可以放在冷凍袋裡冷凍一個月。

變化方式：若要製作橙汁焦糖瑪德蓮，用柳橙皮取代檸檬皮。焦糖的部分，用 3 大匙現榨的柳橙汁代替檸檬汁和水。

若要製作綠茶瑪德蓮，過篩 2 1/2 小匙的綠茶粉（抹茶）與麵粉。不用檸檬皮，加一些柳橙。

若要製作巧克力脆片蛋糕，不用檸檬皮，只要在麵糊攪進 2 ～ 3 大匙的可可碎粒或巧克力脆片。也不需要上焦糖。

大廚私房筆記

如果你只有一個瑪德蓮蛋糕模（顯然不是在 E. Dehillerin 廚具專門店買的，因為那裡的店員肯定會說服你買兩件），可先烤一批。等你把蛋糕倒出來後，把模子擦拭乾淨，再塗一層奶油。冰凍五分鐘後，再烤剩下的麵糊。

美味巴黎

GUIMAUVE CHOCOL AT COCO
椰子巧克力棉花糖 _(36 顆)

在法國，你會發現棉花糖是包裝成繩狀的長鏈，不只在麵包店有賣，在一些藥房也有。錦葵屬植物的萃取物被認為是一種對呼吸系統疾病的藥方。長鏈的棉花糖（guimauves）背後的意義是，藥劑師會剪下一包，讓你可以「服藥」。如果這讓你覺得奇怪，想想那些裹著糖衣的維他命，止咳糖漿，還有巧克力味的瀉藥。為了顧好我的荷包，我還是寧願帶走一些棉花糖。（雖然我還滿喜歡那種柳橙口味的兒童阿斯匹靈。）

Rambuteau 街正穿過歷史悠久的瑪黑區，街上有一間 Pain de Sucre。這不是一間藥局，而是堪稱此區最好的糕餅店。窗戶上擺了幾個玻璃藥罐，裡面盡是各種口味的棉花糖：白葡萄酒、橄欖油、檸檬馬鞭草、菊苣、玫瑰和番紅花，全是由主廚迪迪耶・馬特雷親手製作。我還沒全試過，但到目前為止我最喜歡的，是像枕頭般柔軟，裹上一層椰子粉的巧克力棉花糖。

我不會相信棉花糖可以治什麼病。但我可不希望冒任何健康上的風險，所以我要確保它們是我每週的養生方案，以防萬一。

材料

涼開水 80 毫升、外加明膠用 95 毫升｜明膠 15 克｜糖 200 克｜玉米糖漿 100 克｜蛋白 3 顆量｜鹽 少許｜無糖可可粉（若有小結塊，需過篩） 50 克｜無糖椰子粉 80 克｜香草精 1/4 小匙

步驟

1. 裝 95 毫升水，撒入明膠。

2. 在可放入糖果溫度計的重型燉鍋裡，隔水加熱糖、玉米糖漿，和 80 毫升冷水隔水加熱。

3. 煮糖漿時，將蛋白倒進立式電動攪拌機。

4. 當糖漿達到約攝氏 108 度，開始拌入蛋白和鹽。

5. 當糖漿溫度逐步上升，將打蛋白的速度調至中速，直到開始蓬鬆，成形。

6. 當糖漿達到 122 度時離火，刮入明膠。繼續攪拌，直至完全融解，然後再打入可可。

7. 調高攪拌機的速度，將糖漿以緩慢但穩定的速度倒進蛋白。要避免把糖漿倒在攪拌機葉片上，否則它會噴濺，而不是溶進蛋糖霜。

8. 在打糖漿時，將一半的椰子粉均勻地鋪在 8 吋方形鍋底部，不要有空隙。

9. 停下攪拌機，將碗側邊和底部刮乾淨，加入香草，再繼續攪拌棉花糖混合物，直到它變得濃稠，而且攪拌器的碗側邊不再發熱。現在看起來會像巧克力布丁，但靜置後會較凝固。

10. 將 9. 倒入備好的烤模，將頂部盡量刮平。將剩下的椰子粉撒在上面。靜置至少 4 小時或過夜，不需加蓋。

11. 要從模子中取出，將刀子滑過鍋子的邊緣，將棉花糖方塊放在砧板或烤盤。用剪刀或比薩刀切成 36 個正方形。當你從模子中取出整塊棉花糖時，

美味巴黎

會有一些椰子粉掉出，利用這些椰子粉翻動一下棉花糖，將每邊都裹上椰子粉。搖一搖每一顆棉花糖，倒掉多餘的椰子粉，在盤子上排好。

儲存方法：棉花糖可在容器中，室溫儲存達五天。

變化方式：如果使用 9 吋（23 公分）的方盤，需使用 120 克椰子粉。

大廚私房筆記

無糖椰子可以在天然食品店買到，當然，也可以用有糖椰子，只是棉花糖會更甜。如果你只有大塊的椰子，最好是放進食物處理機或攪拌器機處理一下，把它變小。

黑皮膚

這是寧靜晴朗的早晨，我正在第七區的路上，一邊想著工作，一邊走去赴約跟朋友喝杯咖啡配可頌。一路上少有人跡，住在這區的居民寧可待在奢華昂貴的公寓裡，也不太常到街上遛搭。這天一如往常的空蕩，雖然稍顯無聊倒也滿享受這遠離巴士底喧囂的和平與安穩。

在接近轉角的當口，我的福慧突然被一記悶響警醒。咚⋯⋯咚⋯⋯咚的聲響一波接著一波，不久便匯聚成更大的聲響，就像四處逃竄的人群。我感覺到地面強烈的震波，也更加警覺即將在轉彎處迎面而來的世界。

喔！原來如此。我一轉身就看見尼古拉・薩科齊總統一身慣常醒目的穿著朝我快步走來，跟著一大群攝影記者團團包圍他，不停瘋狂地按下快門。他剛剛贏得總統選舉，儘管備受爭議的事件不斷；他反猶太又是種族主義者，脾氣火爆又有幾段短暫的婚姻，媒體偏要爭相報導其精采的私生活更甚他的政治傾向。

另外，他還有一項似乎沒人願意提及的嗜好，那就是喜歡曬黑。

我呆呆地站著，距離他只有幾步之遙，他的五短身材和臭臉嚇不走我；倒是他的膚色可真是特別，是我從來沒見過的顏色，那通紅的臉像極了熟透又多汁的香瓜肉。

每晚搜尋法國電視頻道，一定都是新聞和娛樂圈名人坐在圓桌上的談話節目。不需調整遙控器上的色相飽和度模式，每位名人的臉色就一個比一個還要明亮橘紅。我不明白這些人掛著厚重的妝容講話，怎麼都不怕在節目中龜裂啊？

不管自然與否，法國人就是著迷古銅色。每逢夏日尾聲收假期間，有上百萬的巴黎人進城，整個城市到處都是用畫家調色盤暈染出的可可色臉頰和焦糖般的事業線，而再度蓬勃充滿朝氣。

即便我一直和那些質疑二手菸有害或者不信拖著破布在不同房間來回會很髒的巴黎人爭辯，我也要證明在巴黎真的有遭受二手紫外線傷害的機會。自從那個夏日午後，於塞納河邊遇見那位五十多歲的診所助理正坦胸露背曬太陽起，我的視網膜依舊殘存陰影；雖然她的膚色黑得像捲起的巧克力可麗餅，天可憐見讓她一把年紀還能如此勇敢。至於可麗餅上的糖衣可不是一堆鮮奶油，這就是她為皮膚科醫師工作的真相。（我會在上面留下櫻桃讓你想像。）

怪罪夏日活動才會引起黑色素瘤、黃斑病變、皮膚癌和提前老化沒有道理。因為巴黎一年將近有 360 天是陰鬱的，城市裡的日光室就和麵包店一樣稀鬆平常，所以在日光室被曬傷絕對沒問題。

事實上它們的數量已經超越麵包店，翻開黃頁可找到 1,326 間日光室，多過 921 間的麵包烘焙坊，顯然這裡不會只有麵包會被烤焦。

巴黎有好多麵包誘惑我，但是那些由膚色比住在黃金滴（Goutte d'Or，位在巴黎第十八區）的非洲人更黑的年輕人所開設的日光室可讓人不敢領教。有則警告公開聲明進入這些日光室將可能引來致命疾病，這使人聞之卻步。法國早在一九八一年廢止死刑，而今巴黎卻到處都有喜歡烤人至夭折的場所。

我總是待在室內、遠離陽光致使我成為全巴黎最白的人；在普瓦蘭（Poilâne，巴黎麵包店）地下室工作，一身麵粉的年輕麵包師可能例外。用不著開口說話、露出珍珠白的牙齒，我蒼白的膚色早已

清楚說明我是美國客。但或許我在這裡會比這些年來總是給我難堪的那些人活得更久，像是那位在政府工作，每年我都得向她報到、換發簽證的女士；或是那名在「la Petite Fabrique」管理巧克力、對人特別冷漠的女店員，她莫名其妙地拒絕賣給我任何巧克力。我必須在窗外一直等到她離職才敢進去買巧克力。

我曾想過要送她一張機票，到一處溫暖、充滿陽光的國度把自己烤焦。或許有一天她會發覺在日光室工作要比防守巧克力、杜絕熱情的美國人要來得有意義。

坦白說，我不在乎她去哪裡，只要不在這裡就好。我好怕遇見她，實在想不出任何比在店面外撞見她更恐怖的事。

抱歉！我認真想一想，的確是有比她更恐怖的事啦！

美味巴黎

CREPESAU CHOCOLAT, DEUXFOIS
雙份巧克力可麗餅 (16片)

可麗餅很容易做，一旦抓住節奏，就很難停下。我總是想一直繼續、繼續、繼續。最重要的是，不要趕時間，在翻面前，讓它們好好變成金黃色。

煮好後，它們可以疊起鋪上任何餡料，或者單純熱熱地吃。可麗餅是典型的法國小吃，巴黎各地的攤販都有賣，通常塗上一層巧克力榛子醬，或者一大塊融化的巧克力。如果你是像我這種巧克力永遠吃不夠的人，這兩種選擇都很好。

材料

全脂牛奶 500 毫升｜無糖可可粉 25 克｜無糖奶油（切小塊） 45 克｜糖 3 大匙｜鹽 1/4 小匙｜常溫雞蛋 4 顆｜麵粉 175 克｜巧克力片或切碎的苦甜巧克力 160 克

步驟

1. 混合牛奶、可可、奶油、糖和鹽後加熱，直到奶油融化。

2. 把雞蛋和麵粉放進攪拌機，將 1. 倒入，一起攪拌，直到均勻。將麵糊冷藏至少 1 小時。

3. 煎可麗餅時，從冰箱中取出麵糊，放至室溫。

4. 準備一個 10 ～ 12 吋的不沾鍋或可麗餅鍋，加入一點奶油，以中火加熱。

5. 一旦鍋子熱了，用紙巾將奶油抹開。將麵糊好好攪拌後，倒入 60 毫升麵糊，快速將鍋子傾斜，以便讓麵糊鋪滿鍋子的底部。讓可麗餅煎 45 秒到 1 分鐘，直到邊緣酥脆，下鍋鏟到底部，將其翻面。撒上約一大匙巧克力脆片，或將可麗餅的四分之一塗上巧克力醬，再煮一分鐘。

6. 將可麗餅折成四分之一（先摺一半，再對摺），把巧克力包進去，即可食用。

保存方式：最好趁熱吃，就像在巴黎一樣，時間別抓太緊，這樣可以馬上吃掉。如果有必要，你可以一邊煮，一邊把它們放在烤箱低處的烤盤。麵糊可以前一天準備，放冷藏過夜。

美味巴黎

PÂTÉ DE FOIE DE VOLAILLE AUX POMMES
蘋果雞肝醬（8人份）

Pâté（肝醬）這個詞並不意謂「超級困難、自視甚高的法國食物」。它可以指任何含肉豐富的抹醬，這在法國是家常便飯，並非特殊場合才享用的食物。不論身在何方，都可以輕易製作與享受肝醬，這道食譜只要花你不到半小時準備，沒有理由不試一下。尤其，如果你很在意明年夏天穿泳裝時看起來的樣子，我已經把傳統上用來製作肝醬的石板狀攪拌奶油，用煮熟的蘋果取代。

材料

有鹽或無鹽奶油 45 克 | 中等大小做塔用的蘋果 1 顆（去皮去籽後，切成 2 公分水果片）| 小洋蔥末 1 顆量 | 青蔥末 3 支量 | 雞肝（洗淨，去污，瀝乾，用紙巾擦乾） 450 克 | 粗鹽和現磨黑胡椒 適量 | 鮮奶油 60 毫升 | 利口酒卡爾瓦多斯酒（Calvados）、干邑酒（Cognac），或雅文邑（Armagnac）60 毫升 | 辣椒粉或肉荳蔻粉 適量 | 檸檬汁或蘋果醋幾滴 | 鹽之花或片狀海鹽

步驟

1. 在煎鍋裡用中火融化一半的奶油。加進蘋果，煮約 6 分鐘，攪拌一或兩次，直到蘋果焦黃，完全變軟。將蘋果取出備用。

2. 將剩下的奶油在同一鍋裡融化。加入洋蔥，煮 1 ～ 2 分鐘，不斷攪拌，直到變軟。

3. 加進雞肝，用鹽和胡椒調味，煮約 3 分鐘，直到外表堅硬，但裡面還是粉紅色。

4. 鍋裡加進鮮奶油，然後是利口酒。如果先加利口酒會冒火。加一些辣椒粉，續煮約 3 分鐘以上，拌炒時要刮到鍋底，防止焦黑，直到鍋裡的液體略有減少。當雞肝切成兩半時，剛好熟透，鍋裡的汁液恰好是薄芡時，表示雞肝煮好。

5. 將雞肝連湯汁和鍋裡剩下的香味四溢的鍋巴，一起加進放蘋果的碗。靜置，直到不再熱氣騰騰。

6. 將雞肝、蘋果和剩下的汁液一起放進食物處理機，均勻攪拌成醬汁。酌量加辣椒粉和鹽、檸檬汁調味。雞肝醬這時看起來還有點軟，但放冷後會硬一點。將雞肝醬刮進另外的碗，蓋上保鮮膜，冷藏至少 4 小時或過夜。

盛盤：將雞肝醬放至室溫。把它塗抹在小麵包，撒上一點鹽之花，或其他細海鹽，可作為冷盤。冰涼的紅酒是最完美的搭配，尤其在夏季。

保存方式：雞肝醬若包裹好放冰箱，可保存三天。若冷凍保存可達一個月。

理所當然

在巴黎購物被視為一項挑戰，從符合規格的墨水匣（即便是兩個星期前買的印表機，現在也買不到墨水了）到不用 85 歐的浴室防滑墊。凡住在巴黎者皆明白一件事；直奔市政廳巴扎（Bazar de l'Hôtel de Ville，簡稱 BHV）這棟蟠踞瑪黑區的龐然大百貨可省去許多麻煩和車票錢。

你不消費不是因為想省錢，而是你知道來到這棟巨大長形的建築裡將找到任何想買的東西。在美國不管等多久，我都要等到特價拍賣，但是在巴黎沒有特價這回事，所以也就不勞費心。

我確信 BHV 百貨一定派人四處走訪、耙梳世界，召集最不樂於助人者來到巴黎，然後分派到各銷售樓層，不過傲慢的售貨員可不像消費者那樣令人惱火。若是你認為街上混亂的行人很糟，那麼在巴黎市將市民釋放到街上前，一定要他們利用在 BHV 的走道上逛的時候好好操練一下。那裡的商家必須在每層手扶梯底部豎立如牢房的鋼筋架才能避免正在上下樓的人被插隊，真是糟糕！

當我準備進入 BHV，我的行為會立即轉成攻勢；很簡單，從我再次深呼吸將手伸向門把開始，就看見裡頭朝著我及門走來的人群正希冀我讓開；我索性一路衝向他們直到最後一刻，快速跑到另一扇門看他們因為計畫失敗而氣急敗壞。

不管我用何種狡猾的方式進入，我總是一副 BHV 什麼都有就差那個專程來買的東西，而裝出正在尋訪的樣子。

就像那條斷了的鞋帶，我得到此買到一條 110 公分、全新的鞋帶來替換。於是，我站在位於地下一樓的鞋配件部門，面對一整牆鞋帶專區。說真的，一輩子還沒見過這麼多的鞋帶呀，仔細瞧──皮

製或繩索、編織或蠟質、棉質或聚酯纖維、圓或扁、細繩或布料，有白、棕、米、褐、紅、綠、紫和藍色。不只各種顏色和款式，還有 60 到 120 公分不等的各種長度全都被穩妥地掛在牆上。我掃射著架上，看見 60 和 65 公分……70 公分……80 公分……還有 90 公分……100 公分……120 公分一直到 150 公分通包，偏偏沒有我要的。

這是當然的！

假若店員不是忙著躲避客人或傳簡訊告訴朋友，她或他那天早上何時到家，也許有幸能遇上一位樂意幫忙的店員。

「先生，不好意思請問這裡有賣 110 公分的鞋帶嗎？」我帶著一派樂天的口吻。

「有的，在五層樓。」他肯定地回應我。

我納悶地搔著頭，為何眼前這面牆上擺明掛著所有能想像得到的尺寸、樣式和形狀，卻要跑到五樓去找呢？

「因為登山鞋在五樓。」

當然！我真是笨！即使我要的是一般鞋帶而非登山鞋專用鞋帶，可還是頻頻點頭贊同。我無法解釋一切，但這個邏輯好像有點道理。

「先生，沒有錯啦！」店員盼著結束服務，邊插手在口袋裡摸著菸邊悄悄往出口走去。

在法國百貨公司裡，店員無法可想時總是玩老把戲將人哄去其他樓

層，偏偏我老是上鉤。現在我學聰明了，除非我確信我要的東西不在附近否則絕不讓步，偏巧東西常常就是這樣出現。

問題是住在巴黎就得去 BHV 百貨，你沒得選的。嗯，其實還有一個辦法，你可以天天在隱密的巷弄間穿梭，尋找只賣四孔鞋專用鞋帶的店鋪或是跑去大老遠的十七區邊界買法國製吸塵器專用的特殊吸塵袋。但除非有大把時光到處找，不然你也只好接受前往里沃利街（rue de Rivoli）上的這棟龐然大物。

冬寒時節，我若是要去 BHV 會儘量少穿點，一路忍受凍寒的背就為了踏入百貨公司的那一刻，不要因為悶熱和文風不動的空氣而窒息；我曾經因為全身包得密不透風而差點中暑發軟，只覺得自己渾身是汗、搖搖晃晃地走向最近的逃生門。

夏天一到，不管身穿柔細的亞麻還是清涼的背心都沒用，你若能走到二樓而不需要呼叫急救，我算服了你。他們乾脆將燈泡換成日光燈，這樣巴黎人便能一舉兩得，既逛百貨公司又能做日光浴了。

走一趟 BHV，對我不僅是耐力考驗，也測試我的法文單字量。如果你知道我最愛 BHV 的哪個部分，你一定會訝異竟然不是備貨齊全的廚具部（某個周六，我在人潮擁擠中試做餅乾還摸到烏賊，成為我人生最可怕的經驗之一），而是位在地下層的五金部門；一堆的榔頭、窗框、門擋、製酒器、螺絲釘、電動工具、燈泡、門鈴、暖氣機、絕緣膠帶、鎖匙、保險箱、手電筒、「小心惡犬（Chien Méchant）！」警示牌和割草機等琳瑯滿目的商品。

到 BHV，身上著裝適當還不夠，心理建設也要做足，否則幾乎難以招架混亂的場面。我朋友的先生喜歡逛五金行，堅持要到 BHV

去瞧瞧。身為美國重要金融機構的總裁，什麼大風大浪沒經歷過，然而被瘋狂襲擊三分鐘之後，他得找個地方坐下來喘息。簡直連紐約證交所都無能匹敵！

因為不知道所有關於五金的法文單字更增添我的困擾，有誰知道「踢腳板」的法文怎麼說？是「assiette à coup」嗎？假如我跟他們說我正在找「踢一塊金屬板」，那這次他們就有理由把我送上樓到廚具部門去了。我不知道窗用絕緣膠帶怎麼說，於是就將某種可以在冬天包住窗戶的透明膠帶轉譯成法文「Le chose comme le scotch à l'emballé les fenêtres pour l'hiver」。說不定當時他們正因為我要「某種像蘇格蘭威士忌，可以包住冬天窗戶的東西」而納悶著。

§

幾年後因為一再被絆倒，讓我受夠了當初過長卻只能勉強接受的鞋帶，心想現在應該有適合的長度了，於是我再度回到BHV。我拉開玻璃門就往裡頭衝，彷彿那裡一個巴黎人也沒有。如今，我撞到人就算不說抱歉也不會有任何影響。（我為何該抱歉呢？畢竟我也是跟他們學的啊！）我走向下樓的大台階，開始覺得肌膚滲出汗水便脫去身上的衣物。我的手指老早就停留在手機上、那顆能夠快速就醫的SOS按鍵，邁步經過氣味難受的香奈兒櫃檯和時髦的眼鏡店，拿出冬奧滑雪回轉冠軍的技巧閃避迎面來的巴黎人。

（此外，還有個念頭突然閃過——我開始瞭解那些推擠者與城市裡流行眼鏡行的蔓生有關。昏暗的醫生診療室必定害慘了巴黎人的視力，他們不是真的無禮——也許只是看不清去路。）

那天我衝到樓下，疑惑著自己是否也該帶起眼鏡，怎麼一切都變

了；變得乾淨又明亮，混亂的感覺沒了，變得井然有序。再看牆面，喔不！那是導覽圖嗎？

我四處走著，訝異眼前驚人的轉變，因興奮導致呼吸急促（還是因為悶熱所致呢？）所有熱銷的電鋸和植物修剪器皆齊整地排列在牆面上，走道兩排有滿滿的絕緣膠帶（當你住到通風良好的公寓頂層，很快就學到「絕緣膠帶」的法文）。數了數，還有六個層架只放各種款式不一的鈴鐺，小至牛鈴大到能集合全鎮鎮民開會的鐘。最棒的是這些全都特價拍賣！一款只要185歐，能喚一夥人吃飯的五吋大銅鈴現在還打八折。看來我得改變「巴黎沒有特價」的論調囉！

我滿懷希望地拐過彎走到修鞋部，這裡同樣煥然一新。我快步經過正專心敲製鞋底的鞋匠來到整牆掛著的鞋墊及鞋內除臭劑前。較顯眼的展示區全讓給了各式的鞋拔（chausse-pieds），這又是我先前學到、跟尼龍襪和自然裸體有關的生字。

不過就是沒有任何110公分的鞋帶，為了不想白走一趟，我決定這次一定要找出門底踢腳板的法文說法。就算我指著家門比手劃腳向法國友人詢問，他們還是聽不懂，我真的快抓狂了；然後最讓人困惑的是又再被邀請到某人的公寓，看他們不停踢著前門底部。

下回要是遇到我的水電工，我一定要問他到底怎麼說。順道來我的住處可教他樂了，因為那表示他會吃到我正在試驗的一球自製冰淇淋、一塊三角蛋糕或者一把餅乾裝進小袋裡當作午餐帶走。雖然最近我開始懷疑他破壞我的水管，因為他來我這裡後沒幾天又一條水管突然莫名出現裂縫，表示他會再來。

我們的關係很好，所以並不擔心他會怎麼想，我指的關係不是五金術語。只要我找到那個特別的法文用語，我會暫時把其他要學的生詞擱著，才叫我還有更重要的事要做，像是鞋帶這類的事！

美味巴黎

SOCCA

鷹嘴豆薄烤餅（3 大片，約 6 份）

許多來到巴黎的遊客問我，在哪裡可以找到最好吃的馬賽魚湯或正宗的尼斯沙拉，當我告訴他們找不到時，他們都很驚訝。許多地方美食出了當地，就失去了原味；尤其巴黎人會忍不住把其他地區的美食當地化，以適合自己的口味（這就是為什麼你會驚訝地發現溫起司會和壽司一起搭配），如果你想尋找美食的原味，最好的方法就是去當地品嘗。

有些巴黎人甚至不知道 socca 為何物（尼斯人應該感到很萬幸），但在蔚藍海岸，這是一道非常普遍而且著名的小吃，通常在熊熊爐火上的大圓鍋煎煮。一旦煎好，會從平底鍋上取下，放到餐巾紙，撒上一些粗鹽和現磨胡椒粉，遞到客人手上。我吃下第一口，從此就迷上了。

我研究了不同的技巧，試圖用我家的烤箱複製相同的效果。但我苦思無解，直到在尼斯教授烹飪的羅莎·傑克遜告訴我一些烹飪技巧，其中包括使用燒烤器，最後我終於在巴黎的廚房成功了。最成功的一次使用一個用久了的 10 吋鑄鐵煎鍋，那是我辛苦從美國扛來的，用同一只鍋一個煎完成一個。你也可以使用大小相近的不沾鍋，雖然你可能在煎每片中間需要添加更多的油。

重要的是，你要記住，這是街頭小吃，不是掛在羅浮宮的作品。socca 不用看起來很精準或完美：愈樸素愈好。但它確實需要起鍋即食。而且，就像在尼斯一樣，搭配一杯清涼的紅酒絕對是必要的。

美味巴黎

材料

鷹嘴豆麵粉（見大廚的私房筆記） 130 克｜水 280 毫升｜粗鹽 3/4 小匙｜茴香 1/8 小匙｜橄欖油 40 毫升｜現磨黑胡椒，食用時搭配

步驟

1. 將鷹嘴豆麵粉、水、鹽、茴香和一大匙的橄欖油一起攪拌，直到均勻無結塊。將麵糊覆蓋好，靜置至少 2 小時。（可冷藏過夜，在烹調前放至室溫）。

2. 煮 socca 時，將烤架放在烤箱頂部三分之一的位置。

3. 將剩餘的橄欖油倒進鑄鐵煎鍋或不沾鍋，放進烤箱預熱。

4. 攪拌麵糊，它應該有點水狀（與脫脂奶的濃度相當）。如果它太濃，化不開，可以加一、兩大匙水。

5. 當油開始燙得發亮，舀足夠的麵糊倒入煎鍋或平底鍋，鋪滿鍋底，左右搖一下鍋子，讓麵糊均勻分布。

6. 煎煮麵糊 3 ～ 4 分鐘，視燒烤器的熱度而定，門虛掩，直到它開始變棕色，有一點水泡。從烤箱中移開，放在盤子裡，用你的雙手把它剝成不規則塊。

7. 撒上相當量的粗鹽和胡椒，馬上吃。用同樣的方法將剩餘的 socca 麵糊在熱鍋裡煮好。

保存方式：socca 儲存不易，重新加熱就失去一些風味。它們真的應該一煮好就被吃掉。

美味巴黎

大廚私房筆記

鷹嘴豆麵粉可以在專賣印度或亞洲食品的店家找到。它通常標示為 besam 或 gram。如果使用精緻的義大利鷹嘴豆麵粉，只要用 250 毫升水。

如果你來巴黎，想嘗試正宗的 socca，那就到位於巴黎第三區的 des Enfants Rouge 市集裡的一個攤位。一位看起來邋遢，但很友善的阿倫會現點現做 socca，把它捏碎成香脆的碎片，撒上黑胡椒後遞給你。提醒：除非你喜歡很鹹，否則在他伸手拿鹽罐時，只要告訴他「un petit peu」（一點點）。

巧克力店裡
遇見禪

當我到全巴黎最好的巧克力店之一上班，頭一天我在櫃檯招待的第一組客人是一對算不上優雅的美國夫妻。請原諒我對文化的偏見，但是單憑他身上穿的膝上短褲、塑料製平底人字拖和褪色的 T 恤，這樣的打扮和周遭的巴黎人形成明顯對比，輕而易舉就能猜出他們的來處。時序十一月中，人人幾乎都穿上羊毛外套、圍巾和帽子；他老兄竟然是一副到奧蘭多迪士尼樂園度假貌，鐵定快要凍死了。他老婆顯然也好不到哪去，她那緊身、低胸彈性襯衫一點也不能禦寒，不然就是她跟我一樣置身巧克力世界會興奮到顫抖？

我用法文開口招待他們，為了讓他們放輕鬆，我在末尾緊接著英文招呼。

「日安，先生、太太。早安（Good morning）。」

「哎……喔！……嗯，早安。」他驚訝的口氣透著寬慰。「喔……嗨……你是美國人，對吧？太棒了，嘿！兄弟你聽我說，我能問個問題嗎？」

「當然。」我以為那是關於他看見這堆巧克力而引發的問題。

「我能問你在這裡工作的薪資嗎？像你這樣的人在這樣的地方工作薪水是多少？」

在少見會感到無言的此刻，我結結巴巴地跟他說我是來見習（stagiaire）。我自願到這裡以工換技，累積經驗。

他一點也不覺得尷尬，還不死心地仰起下巴指著店裡另一位跟我一起工作的店員。「那她呢？」

我闔上嘴不想回答，我說我不知道，並解釋康琳是店長也是老闆兼巧克力師的妹妹。我希望能就此結束這一連串尷尬的問題。

一來一往的問答之後，他始終不解為何我會在派翠克‧羅傑的巧克力店工作卻不領薪呢？

他太太終於插話了，「所以……這個羅傑一定是你的男友之類的吧？」然後他們又問我為何要搬到法國。

結束漁市工作的日子之後，我發現巧克力是我的專長。再則，我也老大不小與其學新的技能倒不如專心擅長之事，因此我決定到巴黎享譽盛名的派翠克‧羅傑（Patrick Roger）巧克力店工作；早上十點半開始作業，這個合理的時間讓我們都有雪亮的眼睛和觸角從事門市生意。

對美國人來說，他們很難理解「見習生（stagiaire）」這個法文概念；無償為某人工作的想法會嚇到他們。當我說到懷抱夢想的主廚在決定職涯，砸下大筆銀兩去廚藝學校上課前都願意到餐廳實習時，他們好像看見瘋子似地望著我。（我在巴黎的一個朋友廚藝精湛，問我該不該開一家酒席承辦公司。我建議他先別辭去高薪工作，利用週末到酒席公司實習看看，他卻非常震驚地回答：「作夢，我才不要假日上班咧！」他一定是肖想別人只准在星期一到四結婚吧！）

在法國，自稱主廚者可是任重道遠；不光只是在烤架上丟一條魚、淋上少許橄欖油，再點綴一枝百里香，那叫廚子而非主廚。擔當主廚必須編排菜單、控制食物成本、督導團隊，更重要的是往往得付出極大的代價才能晉升。許多人是從有資格到廚房接近水槽、洗滌

鍋碗開始，任何事情不分尊卑大小，凡事都要做。

儘管羅傑先生不在店裡工作（我們也不曾一塊喝牛奶咖啡），這位放浪不羈的巧克力大師依舊騎著摩托車往返店面與工作室兩頭。別管他不修邊幅的外表，他可是頂著法國頂級廚藝的尊榮，廚袍上藍白紅三色領圍正代表他是法國的最佳職人（MOF, Meilleur Ouvrier de France），並讓他名列法國傑出主廚的成員之一。為能獲得此項殊榮必須通過極度嚴格的測試，他得做出複雜精緻的巧克力極品才能一舉得名。他店裡的櫥窗設計總是驚為天人，脫俗的巧克力雕塑是其特色，比方像用純巧克力製成的花園（連土壤都是巧克力）或者與實物大小相同，描繪可可豆收成景象的複刻版。可憐的康琳一天得到門外好幾次，將櫥窗上的鼻印擦拭掉。

§

因為多次導覽巧克力之旅，我結識許多巧克力店員。在質疑我這名新手之際，店裡的人很快就喜歡我和我帶來的客人，或許是因為我明確指示每位團員「不穿短褲和破 T 恤」。（我從來沒提過胸罩，但似乎也不重要。）所以當我向康琳提出請求，她很快就答應讓我到店裡實習。

我以前曾在巧克力學校上過課，也在巧克力店工作過，但那都只是在浸泡然後裹上巧克力溶漿的時光中度過，我想換裝去體會在外場工作的感覺應該很有趣。為顧客服務需要一定程度的耐心和技巧，如果你曾見過巴黎店員忙著填充超完美巧克力盒就能清楚我所說的。看著他們熟稔地握著銀鉗，將方塊、半球形和長條狀的巧克力精準地放入盒子中真是精采。我不確定自己能勝任，我的意思是在家裡光用手就老是在廚房落東落西（事後這些東西當然被丟掉），

我又該如何駕馭那些小鉗子呢？

另一項讓我擔心的是我非常沒耐性，這是至今仍尚未練就的功夫。當客人正在考慮要買哪兩種不一樣的巧克力時，我不得不按耐自己默默站在一旁就好。年輕時我在冰店打工，總是受不了竟然有人要用好長的時間才決定要哪一種口味的冰淇淋。任何一個讓我等特久的人都會得到一球特大的冰淇淋——那一球其實是空心的。

耐心一向是我讚賞的優點，但是只能從遠處欣賞。我服務的客人要是站在那兒，兩眼渙散無法決定，我就會提供意見和想法讓事情盡量簡化。

當然還是有無法回答的問題，從「你覺得我父親會喜歡吃嗎？」到以下這些內容，「嗯，我喜歡杏仁，也喜歡巧克力……但就是不喜歡杏仁巧克力。大衛，我不知道為什麼……榛果口味很棒，但只能和白巧克力配……配黑巧克力就是怪。我喜歡杏仁配白巧克力，但是只能是巧克力混杏仁糊……或者是酒心巧克力。我不愛甜酒加榛果……除非是干邑……可是干邑配杏仁就不行。蘭姆酒不錯，至少我是這麼認為，大衛你覺得呢？我想甜酒加胡桃不錯，假如有另一種堅果更好。你幫我問他們使用的是淡香蘭姆還是黑蘭姆好不好？因為我對淡香過敏，黑蘭姆就不會。」

我喜歡人類，真的。但是我會選擇站在那裡，嘴巴開開且期盼他們自己找到答案，因為我完全不行了。問服務生該點什麼來吃會叫他們抓狂，他們會知道我們想吃什麼才有鬼咧！我想店裡一整天的工作將是考驗我的毅力吧！

法國人一般都清楚要買什麼巧克力，所以決定神速。好幾次神色匆

忙的巴黎人闖進店裡說：「不好意思我要 20 片巧克力，什麼口味都行，幫我裝進袋子裡就好。」然後提著有我們店裡藍綠色 LOGO 的袋子跑出去。

因為這份工作讓我有很棒的機會服務巴黎人，也終於幫我釐清法文數字是怎麼一回事。某個奇特的理由讓法文裡沒有代表 70、80 或 90 的數字，我聽說是因為某場戰役是在尾數為 80 的那一年打輸了，從此法國人便忌諱說這個數字而改以「quatre-vingts」即「4×20」作為替代說法（後面的數字也就依此類推；98 變成「quatre-vingts-dix-huit」，即 4×20 ＋ 10 ＋ 8。）雖然還沒找到支持這項理論的證詞，我與法文數字的戰爭是真的，而我必須克服它。

幸運的是法國在二〇〇二年改制歐元，正巧大約是我到巴黎的那一年，那時候的社會氛圍有點感傷，除了我之外人人皆思念著法郎。許多人依舊無法換算歐元價，一些東西還都以法郎計算。特別是老人家很奇怪，一輛開價 163,989.63 法郎的車要比一輛 25,000 歐元的車還容易懂。對我最大的好處是所有數字都變得比較小，也比以前更簡單。

現在，別管那些數字有多簡單，想像你眼前站著一個人，機關槍似地說著法文數字，而你就是盡可能不去看那位站在大燈下的女人，把心思都用在計算對方到底買了多少巧克力，同時也在大腦過濾一下該怎麼跟對方說價錢。

幸好法國人向來順從店員，於是當他們有問題時，我也有樣學樣戴起法國人面具，隱藏困惑並且目光炯炯看著他們，板著臉和一張訝異的表情停頓半晌然後傲慢地說：「什麼？請再說一遍。（Comment?）」這招拖延戰術讓我有更多時間思考。

§

巴黎巧克力店店員都用精緻的鉗子（tongs）夾取商品，因為 h 在法文裡不發音所以千萬別跟法文 les thongs（塑料人字拖）或者英文 a thong（丁字褲）搞混了。

在派翠克‧羅傑的店裡必須拿鉗子夾取的四、五十種巧克力中，全都沒有用標籤註明名稱。會不會太簡單了！好在過去一直身為忠實顧客的我全記下來了，算是好的開始。不用想就知道頭頂放一顆多肉葡萄乾的就是蘭姆葡萄乾巧克力，上面有片燕麥的也一看便知是燕麥巧克力；至於四川辣椒巧克力，則在角落裡有引起一陣小騷動的四川辣椒粉可以試吃。（我說謊，這三種是我唯一記得的。正因為這三種巧克力是唯一清楚可辨識的，有人或許也會因此指責我作弊。）事實上，我真的不知道其他巧克力的名稱，外表上的些微差異讓我很難區分，難道是我也該戴眼鏡了嗎？

香草巧克力和千層巧克力看起來幾乎都一樣，只除了邊角上小小的香草籽這種微小的差別外，就連布萊葉先生（Louis Braille，法國人，發明盲人使用的文字）來看都很困難。萊姆和檸檬草（citronnelle）巧克力上都有淡綠色的粉末，也常害我搞錯。還有，我老是叫塞有栗子泥的巧克力塊為栗子巧克力（marron），也把客人搞得莫名其妙一直到有人糾正我，原來大栗子（marrons）不能吃，小栗子（châtaignes）才可以。但是，自從店裡也賣糖漬栗子（marrons glacés）起，我就真的搞混了。

當我提到巧克力沒有標示的那一刻，我的話也完全不足採信了：盒子上的確有標示，但是對客人而言不明顯，就算看見了也不重要，因為我們沒有人能理解那些標示。按照法國人的邏輯，使用滑

順（harmonie）、豐滿（plénitude）和魅惑（fascination）這些字眼來形容巧克力比用柑橘、咖啡或香草來標示有用多了。別誤會我的意思，我是相信欲望與愛情的，只是這二者並不能告訴我該賣何種巧克力啊！後來我才知道欲望（désir）代表杏仁巧克力，而愛情（amour）則是榛果口味的。

當我管轄巧克力，把我的手指擠進秀氣的鉗子孔時，顧客會在我面前審視所有的巧克力並且央我解釋千篇一律的問題，「這些巧克力嘗起來如何？」一遍又一遍，一個早上也許就有二、三十回，次數甚至要乘上那四、五十種的口味，讓你以為我必定很快就能得到他們全部的信任。

因為我的法文發音不標準，總是在某些單字上有嘴型的困難；常把杏仁（amande）唸成德國（Allemand），人們一定以為我們賣的是碾碎的德國人巧克力，難怪那些巧克力那麼不受歡迎。

嘗試用任何語言來形容柳橙（orange）和橘子（mandarine）的不同是一種挑戰，但對於味覺靈敏的法國人差異就大不相同，「是不一樣啊，大尾（Daveed，作者名為 David）！」他們全都這麼跟我強調。

對我來說，語言或敘述並不是最大的壓力，連知道巧克力的名稱也不算是，真正的壓力是磅秤，也就是電子秤。

這似乎很簡單啊！將巧克力放在秤子上秤重，按下一個鈕就能得出一張小收據了。簡單？才怪！若是有更複雜的做事方法，法國人可是不放過的。

我在應付一位客人的同時也早已將巧克力放入一只藍色、精美的盒子裡，然後放在秤上。重頭戲開始了！我得從 57 個選項中找出正確的按鈕。於是我必須在我膚淺的大腦深處用力挖出對那些小惡魔的記憶，找到相符的鈕，並期盼我猜對了。

更過分的是每個鈕都有兩個名字，按一次是上面的名字，按兩次則是下面的；若是兩次沒按快一點，就會顯示上面名稱的價格，我相信我在工作的時候有些人會少付到錢，最後下班前又因為有些人多付了錢而抵銷虧損。

說到好處，我還滿享受說服人們嘗試新口味，欣賞他們閉起眼、咀嚼美味，點頭讚賞的那種純然喜悅的表情。我是派翠克‧羅傑的大粉絲，他的巧克力總是那種不合常規、有時古怪的組合，卻能嘗到多層次、精緻又有細微變化的風味。當裹著薄薄巧克力糖衣的甘美內餡融化在你口中時，你的身體會因著歡愉而飄飄然，我就愛看著客人也經歷這樣的洗禮。

能夠受到眷顧的可不只有客人，當店裡只有我看店，我愛吃多少就吃多少。常常有客人走進門時，我剛好咬了一半，但他們一定以為在我臉上展開的笑顏是在歡迎他們。我將另一半巧克力塞入嘴裡後，停留一下下便換上最佳的服務態度，拿起鉗子且咕噥著：「日安，先生、女士。」

該知道的、該做的都完成後，我還是不確定我是否真的想在外場工作。只有一件事確定，我真的對製作巧克力的創意部分感興趣，煮巧克力勝過記住所有的客人。在見習的最後，魅惑（蜂蜜巧克力）漸漸消失，同時我也明白了渴望（杏仁巧克力）從巧克力櫃檯的另類角度看生命對我是一種幻影（fantasmagorie，燕麥甘納許）。

假如你曾經去過巴黎一家巧克力店，被一位操著美國口音，腮幫子一邊鼓起，同時正費力甩開緊箍手指的鉗子，還要跟電子秤的按鈕奮戰的店員服務過，那麼放過他吧！將來不知幾時也許我會再回去，但現在我會選擇待在櫃檯外側，而這一側的電子秤肯定對我是有好處的。

FINANCIERS AU CHOCOLAT
巧克力費南雪（15 個）

有個版本的故事說，這種糕點名稱（譯註：音為「費南雪」，原文意為「金融家」）的由來，是因為這種整齊、香濃的小蛋糕是金融家的完美甜點，因為他們從事金融工作，需要一種不會毀了他們時髦的西裝或禮服的小點心。傳統上，費南雪是用小長方形，長得像金條的模具烘烤。但是，如果你和大多數人一樣沒有模具，可以用迷你瑪芬蛋糕模或矽膠模具來做。如果想增加一些材料，放在較大或長方形的模具裡烤也可以。你只需裝四分之三滿，烤到輕按中心時，它們會輕輕彈回。

材料

無鹽奶油　90 克 | **杏仁片　90 克** | **無糖可可粉　25 克** | **麵粉　10 克** | **鹽　1/8 小匙** | **糖粉　90 克** | **室溫蛋白　1/3 杯** | **杏仁萃取物　1/4 小匙**

步驟

1. 預熱烤箱至攝氏 220 度。將模具輕輕塗上奶油，放在烤盤上。

2. 融化奶油，靜置至室溫。

3. 將杏仁和可可、麵粉、鹽、糖一起放進食物處理機或攪拌機研磨。將麵糊倒進中型碗。

4. 拌入蛋白和杏仁萃取物，再慢慢拌入融化的奶油，直到混合均勻。

5. 用湯匙將麵糊倒入模具，四分之三滿即可。

6. 烤 10 ～ 15 分鐘，直到碰它的時候略微膨脹，有彈性。從烤箱中取出，待完全冷卻後再從模具中取出。

保存方式：冷卻可以放在密閉的容器中室溫保存一星期。麵糊若做好，也可冷凍，在五天內烘烤。

我看見
好多胸部

問法國人他們何以維生是很失禮的，剛開始我也不知道，直到在一場趴踢上我和站在我身旁的男士攀談起來才瞭解。

「您在哪高就呢？」我問。

「我在哪高就？」他叫著且不停對我噴氣：「你們美國佬滿腦子都是錢！為何老要問我們職業？」

當時，我內心的 OS 是：「你知道嗎？你真的長得不怎麼樣，既無魅力也沒風度，有人願意找你講話算是幸運。」

但我不想再次失禮，只好將這些話吞下去，說著抱歉、請求對方原諒。

你若在法國轉開電台，收聽智力測驗的節目，你會注意到主持人絕對不問參賽者諸如職業這樣的個人問題。話題永遠跟他們所屬的省區有關；也許討論奧弗涅（Auvergne）的藍黴起司、當地特產的馬孔紅酒（vin de Mâcon）、亞爾薩斯（Alsace）的醃酸菜又或者加斯科（Gascon）的鵝肝醬。

一次教訓一次乖，現在我不會肖想知道別人的職業。但每當我帶隊導覽，而遊客幾乎是美國人的時候，用膝蓋想也知道他們一定會在背後說我，「真是混帳，他都不問我們是做什麼的咧！」他們才不知道我其實是很有禮貌的。

在法國，我們稱打破僵局的問題叫「破冰船（brise-glace）」。在不知道如何回應的時候，我們會問「你是哪裡人？」我出生於美國康乃狄克州，在紐約就讀然後在舊金山生活了二十年，所以當有人問我是哪裡人，一時還真不知該如何回答。可以肯定的是，與其知道

我成長的新英格蘭郊區，巴黎人更好奇我的糕餅師身分。

通常我都以為他們想知道我的出生地，一旦我回答「康乃狄克州（Connecticut）」，他們茫然的表情彷彿看見一個怪字從我舌頭竄出。換作是你，當法國人回答他來自普魯達爾梅佐（Ploudalmezeau）、克蘇阿克桑格（Xouaxange）或者克歐邁尼勒（Quoeux-Haut-Maînil）這些城鎮，想必也是一臉呆滯吧！

§

有人問我是否想念那個我自認為故鄉，卻礙於十二個小時長途飛行而不常回去的舊金山。事實上，我是想念這座城市的；我想念我的朋友，想吃墨西哥玉米餅，想到皮茨咖啡館（Peet's Coffee & Tea）點杯好咖啡，想在公民蛋糕店（Citizen Cake）點一盤斯摩爾餅乾（S'More cookies），或者逛逛輪渡廣場市集（Ferry Plaza Market），買幾顆圓嘟嘟的桃子、幾把有機生菜、幾塊新鮮現做包著碎胡桃的塔馬利（tamale，墨西哥料理）和幾包戈鬥農場（Rancho Gordo）乾豆，這些都變成我回到巴黎、裝入行囊裡的珍貴資產。當然，任務餐廳（The Mission Mexican Restaurant）裡的墨西哥菜，還有塔吉特百貨（Target）、商人喬（Trader Joe's）超市都是必到之處。

還有一件樂事就是上瑜伽課。瑜伽在舊金山相當盛行，而我的瑜伽導師正是人人夢寐以求的典型；仁慈、關懷，隨時給人溫暖的擁抱。我不擅於親密動作（會避開群體擁抱），但是除了讓身體健康之外，瑜伽的好處之一是使人平靜而且能得到一種歸屬感。

搬到巴黎幾個月後，因為不想放棄瑜伽，我開始四處打探瑜伽教室，終於在報上找到一間評價良好，於每星期四、全程用英文上課

的教室，於是我報名了。上課到一半，那位頭頂纏巾的老師篤定我的每個動作都是錯的，還一再問我「你到底在哪兒學的？」她不但沒有輕聲對我說話，還當著全班大放厥詞，批評我的動作。或許是她的頭巾綁太緊還是有其他原因，但我認為她這樣的行為比問人的職業還要無禮。

最後我總算找到一間師資好，即使少了點憐憫但也還滿意的學校；在法國沒有老師會讚美你，也不會准你處理內心的負面能量、找到內在的寧靜。

既然我在醫生那裡得不到同情，我也不奢望在瑜伽課裡找到，好處是不用擔心被群體擁抱。儘管如此，做瑜伽對我向來具有教育意義，我學會所有關於肌肉、骨頭和身體各部位少見的法文單字，讓當地人吃驚；他們訝異於我能丟出肩胛骨上隆起部位的單字，卻無法計算一盒巧克力的價錢。

在巴黎上瑜伽最困難的地方不是和缺乏同情心的老師相處，而是進教室。這裡的教室幾乎和 Smart 雙門汽車一樣大！

當我們摩肩接踵地全擠進教室裡，很難不碰觸到別人的禁忌或者看見不該看的，讓人臉紅心跳的裸露。當你正面對面聊天，而菲比娜、克蘿蒂納或者阿納依絲在眼前好像我脫襪子那般隨性脫掉上衣，雙方袒胸相見的時候也很難把持鎮定。該死的，我到底應該看哪？一種寡不敵眾的無望感油然而生。

當我將這問題跟我的朋友基甸說完之後，他開始對我死纏爛打想問出我的上課地點。不知道為什麼，這裡根本就不缺胸部啊！不管身在何處，距離那對胸部都只有幾步之遙；它們會出現在電視上賣除

臭劑，也會出現在公車站、地鐵、商店櫥窗，還有在書報攤販售的雜誌封面上也會赫然看見。

§

當夏季來臨，溫度節節高升，我敢肯定有更多肌膚外露。因為夏日火傘高張，也因為沒有冷氣甚至電扇，更因為這裡的住民害怕新鮮空氣流入室內而密不開窗，我看見我的鄰居們在家裡幾乎衣不蔽體，穿得很少。八月裡的巴黎城是因為酷暑逼人，而非任何綺思淫想致使裸體成為必然。

好在我對面大樓裡的偷窺狂終於搬走，不然我要一直禱告網路上不要流傳我的清涼照。在受夠了他始終隱約躲在簾子後打著赤膊、手拿相機或雙筒望遠鏡的身影之際，我終於在清晨四點，天光照亮大樓街區的時刻快速拍下他的照片。他可能是國家派來的間諜，正在調查我樓下的公寓卻被我揭穿了嗎？正因如此才從此消失的嗎？

我最後一次看見他是在樓下的麵包店，即便他包得緊緊的，我的眼睛還是不知要看哪兒。但話又說回來，這次我可看仔細了，而且我很開心以後都不用再見到他。

§

別管他們表面上放任的態度，舊金山人可不是你所想的那種狂野分子。的確，他們有裸體馬拉松，街頭市集上有公然的鞭笞攤，那是因為有「沒錯，我有權裸體」的態度使然。相對的，別人也能表達「對，我也有權不看裸體」的態度。

當我回到舊金山，去自由奔放的卡斯楚區（the Castro，世界著名

的同志區）上瑜伽的時候，我早忘了這種獨特的舊金山精神。那個充滿活力的卡斯楚區一度酒吧林立，市區裡所有貨真價實的單身漢都聚集在此。我記得一個特別喧鬧的夜晚，一群男扮女裝的同志哈到我的眼睫毛，還威脅綁架我、幫我上妝並鼓催我能加入他們。偶爾，我也會懊悔當初沒能接受他們的提議，常想著如果我接受了，那麼我的生活會是多麼精采迷人！

在通往瑜伽教室的路上，我看到「Lube 4 Less」車行還在，只是旁邊又多了太陽眼鏡店、星巴克、沃爾格林藥房（Walgreens），還有許多房地產仲介。當我在上樓要到瑜伽教室的時候，身旁通過幾位身著緊身衣、身材曼妙的女子，她們手裡拿著印度香料奶茶，邊上樓邊瘋狂滑著手中的黑莓機。

我終於來到公共更衣室，這個寬敞的空間比我在巴黎的公寓還大。我把瑜伽墊扔到牆腳，脫下褲子換上藍色運動短褲。原本這是件不用三秒鐘的小事，卻因為我背後一個女人的尖叫聲劃破這寧靜的時刻，讓繞過半個地球的我再度受到「對不起吼！簾子後面才是更衣間喔！」所造成的驚嚇。

我吸了一口氣再環顧四周，沒錯，角落裡是有一處用簾子隔開的區域。真是見鬼了！我住在這裡將近二十年，在街上、電車上、市集上都見過比我這瞬間裸露都還要大膽的肢體表演耶！鑑於我周遭所有健康、雕塑過的身體，我懷疑有誰會關注我這個骨瘦如柴，正專心做自己的傢伙。要是真的有，我可是會渾身起雞皮疙瘩的。

下次要是再回到這座曾經是不受拘束的大都會時，我會更謙虛並且只在簾子後的指定專區更衣，這裡就像在巴黎的襪子店和自家裡，裸體或半裸體都是可行的。

美味巴黎

GATEAU BRETON AU SARRASIN ET FLEUR DE SEL
布列塔尼蕎麥鹽之花蛋糕 (14～16 人份)

布列塔尼不僅以產鹽著稱，也盛產黃金奶油，他們大方地把它加進甜點，而且量通常有些驚人。在這個地區，會在糕餅店裡發現奶油製的當地甜點外觀很樸素，不需要額外裝飾。我總是發現自己吃下超過一般人覺得適量的甜點。

在布列塔尼各個村落的糕餅店，會發現許多版本的布列塔尼蛋糕。我在蛋糕裡加了蕎麥粉；蕎麥粉在布列塔尼是以公斤袋包裝，因為它在當地料理中太重要了。蕎麥粉做的蛋糕稍微重了一些，但因為太好吃，感覺沒這麼厚實。如果你喜歡，可以用 140 克的麵粉取代蕎麥麵粉。

如果你沒有鹽之花，可用味道較淡的海鹽。

材料

【蛋糕】

蕎麥粉　140 克｜麵粉　140 克｜鹽之花　1/2 小匙外加 1/3 小匙｜肉桂粉　1/4 小匙｜室溫奶油　240 克｜糖　200 克｜蛋黃　4 顆量｜雞蛋 1 顆｜香草精　3/4 小匙｜黑蘭姆酒　2 大匙

【糖漿】

蛋黃　1 顆量｜牛奶　1 小匙

美味巴黎

步驟

1. 準備一只 10 吋可拆卸底部的塔鍋（或 9 吋彈簧平扣式蛋糕盤）。烤箱預熱至攝氏 180 度。

2. 攪拌蕎麥粉、麵粉和 1/2 小匙鹽與肉桂。

3. 用立式的電動攪拌機或用手在碗裡打奶油，直到變輕和蓬鬆。加入白糖，繼續打，直到均勻。

4. 在另一個碗裡，用叉子打入 4 顆蛋黃和 1 顆全蛋，以及香草和蘭姆酒；一邊打，一邊慢慢將蛋汁倒入麵糊。如果使用電動攪拌機，調至高速，讓麵糊變得非常鬆軟。

5. 將乾料混入，直到融合。把麵糊刮至準備好的鍋子，用平面的金屬或塑膠抹刀，將頂部盡可能刮平整。

6. 製作糖漿時，用叉子將蛋黃和牛奶一起攪拌，用刷子刷在麵糊的頂部。（可能無法全部用完，盡量塗多一點。）用叉子在頂部刮出三條平行線，均勻地隔開，再從不同的角度重複畫三條平行線，畫出縱橫交錯的格子。

7. 將剩下 1/3 小匙鹽用手指撒在蛋糕上，烤 45 分鐘。取模之前要完全冷卻。

盛盤：我喜歡切一小塊蛋糕當零食。也可以搭配梨子或蘋果西打，或者一盤翻炒櫻桃。

保存方式：用保鮮膜包好，可以室溫儲存四天。若用保鮮膜包好，外面再包一層鋁箔冷凍，可保存達兩個月。

尾聲

清晨，我在街角的咖啡館閱讀《世界報》（*Le Monde*），享用從麵包店買來的可頌。（也許還頂著畫家帽！）將餘光浪費在美好的事物上；與人在拉丁區談論沙特，或者挾著素描本漫步羅浮宮廊道，在前赴米其林餐廳品嘗奢華晚餐前，登上艾菲爾追逐落日美景。稍晚，在喬治五世酒店（George V）幾回干邑杯觥交錯之後再沿著塞納河步行回家，將身體蜷縮在被窩裡入眠好迎接下一個日出。以上就是人們對我在巴黎生活的美好想像。

其實我有起床氣，為了不得罪人，以咖啡、吐司填飽肚子前我不會出門，而且我還會一邊吃一邊讀信、瀏覽線上的紐約時報。信不信隨你，我真的沒去過艾菲爾頂樓；只要曾被禁閉在我住處的公寓電梯裡數小時，而緊急話筒裡的女人竟要求等會再打——因為那是午餐時間——你就會明白我為何在這裡盡量不搭電梯了。

至於星級餐廳，除非有客人買單，不然我看不出為何一碗湯要一百歐。如此，你就能猜想現在會有多少朋友要來看我，也知道我對觀光客的看法。

§

我在法文課初學到的單字之一就是「râleur」，意思是「愛發牢騷者」。或許是因為暗淡（la grisaille）、沉悶陰暗的天空壟罩巴黎，營造出缺乏活力的氛圍，整座城市不時被愁雲掩蓋。抱怨是在此生活的大事，所以法文老師覺得這個單字有即學之必要。

因為住在這裡，我才明白愛嗷嘴又臭名遠播的法國人是不願意改變的。從每天照常烤出我愛吃的長棍麵包，到市場裡總是對著我唱《007》主題曲的番茄小販（就算我跟他說龐德先生是英國人也一

樣），我喜歡這樣的一成不變。面對現實吧！來到巴黎的多數觀光客是想追憶過去的榮景，對今日現代化的革新不感興趣。

所以當你提著籃子走進市場，意外發現賣番茄的小子待你如同其他客人，沒對著你唱情歌的時候，真是氣結呀！（更糟的是，你在袋子裡還發現了幾顆爛番茄。）最慘的莫過於街角、天天光顧的麵包店竟然換了麵包師！

我剛搬進公寓的時候，最大的好處是──撇開吹噓世界級的油漆功力不談──對街麵包店超好吃的長棍麵包。每一根長棍麵包都似夢幻，表皮烤得焦黃酥脆，爆裂的開口還沾附著點點麵粉。櫃檯的服務生會從籃子裡為我精挑細選出最好的，因為她知道我有多珍惜。她會用一小張四方紙將麵包捲起來，再快速地將兩端扭轉封口，並帶著真誠口吻交到我手中，「先生，謝謝您，祝您一天都美好。」

抓在手裡的那一刻，能感受到麵包的熱氣傳達到手心，還沒走出店門口就等不及要撕開包裝，咬它一大口酥脆（le quignon）。來到我住的頂樓時，長棍麵包就已經被我啃掉一半，後頭地上還留下昭告世人的麵包屑。

事隔多年，麵包店終於結束了一年一度的暑假，在一個夏末的早晨再度營業。我興奮得幾乎是門一開就衝進去，卻發現櫃檯後方站著新面孔。我跟她點了一條長棍麵包，看她心不在焉地從籃子裡拉出一條特別光滑而蒼白、一點瑕疵都沒有的長棍，又粗魯地將之甩到櫃檯上。我拿起麵包掂量，感覺像舉一把大錘，不用咬就知道不對勁了。走出店門外，我掰下一塊放進嘴裡；那麵粉味和黏糊的質地比法蘭普利超市賣的還糟。

儘管挫敗，我還是很得意自己走過來了。初來乍到巴黎就是必須忍受一切的不適應，好好地用一年的時間去和當地生意人交陪，才能建立好關係。有時候會成功，就像我和鄰近麵包店的關係；但也有不如意的，比如位在幾個街區外的巧克力店裡那位討厭的女士，向來是我無法攻破心防的難題。

當肉鋪的老闆娘終於對我的主動示好有所回應，不像從前那樣對我犯嘀咕，而是確實持續好幾分鐘的交談；內容不只是「我要多少香腸」，也會問我「要一般的維也納香腸還是香腸佐香草」的那一刻，我知道我辦到了。

那是在長達五年，每週兩次上門光顧之後，也就是說在我不用面對一臉輕蔑表情之前，我已經光顧了不下五百次！她不會再為四片田園火腿該切多厚在那邊斤斤計較，偶爾我甚至付 10 歐買 8.5 歐的東西，她也不會逼我在錢包裡找足零錢（法國人喜歡收錢，但不喜歡找錢）。此地衡量成功的定義是很有趣的——憑著不再需要給正確的金額，還有憑火腿的厚度，就能知道人際關係的好壞！

巴黎人很難溝通，仁慈往往是無價之寶，有幸得之者少之又少。然而，我使出招牌的美式樂觀（還有布朗尼）成功地從我帶來的風暴中存活下來；或許，跟搬到美國不能說母語，還要試著在異地度日的異鄉客比起來，我受的待遇要好得多。這點，我同樣感激。

我懂吃也知道入鄉隨俗好過削足適履要別人來適應我，而且我知道一些糕餅、起司、巧克力還有麵包等知識，也總是努力吸收新知讓法國人對我刮目相看，幫助我在法國立足。不過，更重要的是我願意花時間去接觸生人，尤其是商販，他們會耐心向我解釋商品。有許多人剛搬到此地都是睜著大眼、對一切躍躍欲試，卻在一年後

因為想念最愛的洗髮精、空調、顧客服務或者 110 公分的鞋帶而離開（最後我是在休士頓的塔吉特百貨買到鞋帶）。我承認我也想念許多家鄉事，但是我已經交到新朋友，經歷不少奇特事物，比起住在美國更覺得自己擁有較多世界觀點。

一旦我學會規則並從身為異鄉人必然經歷的心靈創傷中走出來，我成為鄰里街坊不可或缺的角色──美國人（l'Américain）兼糕點師（chef pâtissier）。（我很確定若是沒有這第二個身分，身為美國人沒啥用處。）

我讓自己盡量像個巴黎人。只有真正開心的時候才會笑，隨時隨地插隊，幾乎不吃蔬菜，且拿酒當水喝。不管是身體上或其他方面絕不屈服任何人，還有打針這件事變成我的專長，讓我開始相信母親說過的話──我應該當醫生的。

每次到市場，我一定專程停下腳步和變成朋友的商家握手聊天──雅克，他販售來自普羅旺斯最好的橄欖和酸豆橄欖醬（tapenade），還有穀物專賣店（Graineterie du Marché）的荷西，他的倉庫裡囤積著各式小扁豆、穀物、鹽、西梅乾（pruneaux d'Agen）和玉米花等特別為我準備的商品。

卡特琳是名性格乖僻的雞貴婦，喜歡對那些在火旺的烤肉架旁群集的人嚷嚷：「大──尾，你好嗎我很好！」整句話沒停頓地招呼著。要是沒有順便帶一隻她親自宰殺、撒上鹽和香料，然後烘烤至酥脆、焦糖色澤的去骨烤雞（poulet crapaudine），我的每個星期天早晨不會圓滿。還有，自從我取得豬女士的信任之後，我的生活不只更甜美還更加豐富，有好多的肝醬（pâtés）、白色豬血腸（boudins blancs）、香草臘腸（saucisses aux herbes），偶爾她大發

慈悲會慷慨地請我吃巴約納火腿（jambon de Bayonne）哩！

喔！當然還有魚販帥哥，讓我品嘗到更多海味。

鮮少有異鄉人比我還幸運！能在巴黎體驗一大早就抓起濕滑的鰻魚，在巴黎最好的巧克力店之一工作，在大西洋沿岸採集海鹽，還繞道布列塔尼向當地主廚學習製作鹽味奶油焦糖（salted butter caramels）的祕訣。

當我專程為了倒垃圾而購買裝備時；當我覺得在房門外找到開關以點亮臥室燈光是理所當然時；每當炎炎夏日，我會緊閉門窗防止新鮮空氣流入室內才不至於生病時；還有當我因為受過甜點知識訓練而指著磅秤的刻度，說明那袋櫻桃還遠遠不足重（拜小販的拇指之賜），讓阿里格市集（Marché d'Aligre）那位缺牙的小販不再假仙時。我就知道我已經適應這裡了！

當我的醫生不再納悶我帶著手電筒赴診的時候；當我付一歐元要找37分零錢，而收銀員卻懲罰我沒給剛剛好的數目而不找錢的時候；假如有人對我說「你身上的新襯衫不好看」，而我卻視為讚美的時候──那樣特別的法式風格，其實是在幫我忙。我知道我終於被接受了！

過去我總是加入旅行團回美國，心裡想著「我等不及要回到自己的地方」。時至今日也不再如此了！我不確定自己該屬於何處，不管是這裡還是那裡都無所謂。

在巴黎的每一天並非是甜蜜的。不論身在何處，即便已經盡最大努力去適應，生活還是有高有低。在無知未來會交給我什麼的情況下，我在巴黎展開新生活。正因如此，它成為一場冒險，而我經常

為自己竟輕易地與當地人打成一片，能夠接受傲慢的售貨員態度，更棒的是流連街頭只為了尋找美食而感到訝異。

是每天早晨有麵包店提供新鮮出爐的奶油可頌，有豐富的露天市集讓我搜尋每日伙食，有許多精緻的巧克力店即使在多年之後，每次到訪仍舊不讓我失望，當然還有奇特之人種種都成就了巴黎是如此特別的城市。

現在，我可以算是這裡的一分子，異鄉是故鄉了。

美味巴黎

BROWNIES A LA CONFITURE DE LAIT
牛奶焦糖布朗尼蛋糕（12 人份）

這些甜點為我在巴黎打通很多門。當我開始發送這些漩著牛奶焦糖醬的巧克力方塊，我的任何問題似乎都跟著這些布朗尼一起快速消失。

我不能保證它們對你也有同樣好的效果，但如果你來到巴黎，除了一本旅遊指南、一雙耐穿（但別緻）的運動鞋，和良好的幽默感，你也可以在包包裡放幾包布朗尼：它們可能也會為你在巴黎的時光增添多一些甜蜜的滋味。

材料

有鹽或無鹽奶油切片　120 克｜苦甜參半或半甜巧克力末　170 克｜無糖可可粉　30 克｜常溫雞蛋　3 顆｜糖　200 克｜香草精　1 小匙｜麵粉　140 克｜烤山核桃或胡桃碎片　100 克（沒有也可以）｜牛奶咖啡果醬（見大廚的私房筆記）　250 毫升

步驟

1.　烤箱預熱至攝氏 180 度。

2.　將 8 寸（20 公分）的方形平底鍋塗上奶油，並在底部放一張正方形的羊皮紙或蠟紙。

3.　在平底鍋裡融化奶油。放入巧克力，用極小火加熱，不斷攪拌，直到融化。

從火上移開，並拌入可可粉，直到均勻。

4. 一次加一顆蛋，拌入糖、香草和麵粉。如果要加堅果，這時加入。

5. 將一半的麵糊刮入備好的烤盤。在布朗尼麵糊上擠出洋李三分之一大小的牛奶焦糖醬，平均間隔，用一把刀從中間輕輕漩一下。將剩餘的布朗尼麵糊塗在上面，再把其餘的牛奶焦糖醬擠在麵糊上。再用小刀輕輕旋一下焦糖醬。（如果你太用力，整個蛋糕會烤成泡泡狀。只需拿刀子在麵糊上劃一次或兩次就可以了。）

烤 45 分鐘，或直至中心感覺略顯堅硬。從烤箱取出，待完全冷卻。將布朗尼蛋糕切開，分開包起。

保存方式：實際上，這些布朗尼在第二天更好吃，可保存三天。

大廚私房筆記

牛奶咖啡果醬，Confiture de lait 也被稱為 dulce de leche 和 cajeta（它有時是羊奶做的，我喜歡羊奶，但可能不是每個人都喜歡）。因為最近幾年它變得非常流行，通常可以在貨源豐富的超市或民族市場裡找到，尤其是專賣拉丁美洲產品的市場。

生活館 CVC2007

巴黎‧莫名其妙
——美國大廚的城市觀察筆記

The Sweet Life
In
Paris

作　　　者——大衛‧勒保維茲
翻　　　譯——劉妮可、游淑峰
責任編輯——楊佩穎
封面內頁設計——楊啟巽工作室
排　　　版——極翔企業有限公司
執行企劃——張燕宜
董 事 長
發 行 人——孫思照
總 經 理——趙政岷
執行副總編輯——丘美珍
出 版 者——時報文化出版企業股份有限公司
　　　　　　10803台北市和平西路3段240號3樓
　　　　　　發行專線—（02）2306-6842
　　　　　　讀者服務專線—0800-231-705‧（02）2304-7103
　　　　　　讀者服務傳真—（02）2304-6858
　　　　　　郵撥—19344724 時報文化出版公司
　　　　　　信箱一台北郵政79～99信箱
時報悅讀網—www.readingtimes.com.tw
電子郵件信箱—ctliving@readingtimes.com.tw
第一編輯部臉書—https://www.facebook.com/readingtimes.fans
時報出版生活線臉書— http://www.facebook.com/ctgraphics
法律顧問—理律法律事務所 陳長文律師、李念祖律師
印　　　刷——盈昌印刷有限公司
初版一刷——2014年2月21日
定　　　價——新台幣340元

國家圖書館出版品預行編目資料

巴黎‧莫名其妙：美國大廚的城市觀察筆記 / 大衛‧勒保維
茲著；劉妮可, 游淑峰譯. -- 初版. -- 臺北市：時報文化,
2014.02
　　面；　　公分. -- (生活館；CVC2007)
譯自：The sweet life in Paris
ISBN 978-957-13-5892-5 (平裝)
1.飲食 2.飲食風俗 3.法國巴黎
427.07　　　　　　　　　　　　　　　　102028065

THE SWEET LIFE IN PARIS: DELICIOUS ADVENTURES IN THE WORLD'S MOST GLORIOUS
AND PERPLEXING-CITY by DAVID LEBOVITZ
Copyright©2009 BY DAVID LEBOVITZ, PHOTOGRAPHS BY DAVID LEBOVITZ
This edition arranged with HILL NADELL LITERARY AGENCY
through Big Apple Agency, Inc., Labuan, Malaysia.
Traditional Chinese edition copyright©2014 CHINA TIMES PUBLISHING COMPANY
All rights reserved.

ISBN 978-957-13-5892-5
Printed in Taiwan

廣　告　回　信
台北郵局登記證
台　北　廣　字
第 2 2 1 8 號

時報出版

尋找智慧與創意的文化事業

10803台北市和平西路三段240號4樓

讀者服務專線：0800-231-705•(02)2304-7103
讀者服務傳真：(02)2304-6858
郵撥：19344724-時報文化出版公司

請寄回這張服務卡（免貼郵票），您可以——
●隨時收到最新消息。
●參加專為您設計的各項回饋優惠活動。

生活饞

在旅行中，恣意揮灑、定格流動時光的瞬間。

在食飲中，以舌尖感受食材與天地間的互動。

在生活中，找到態度‧營造風格‧享受過程

這是我們的生活饞

容我們定義為：生活的哲學，任意翱翔的態度

不僅只是禪，在靜止中找到更多可能

更是一種饞，撩撥每一刻的精采

寄回本卡，還贈送您時報出版最新出版訊息。

生活饞讀者資料卡

親愛的讀者，我們很希望能有更多機會與你們互動。
出版更多更符合生活饞風格的書籍，
請給我們一個機會，瞭解各位的「**生活饞精神**」。
回函即可抽精美贈品，每月 3 名。

姓　　名：＿＿＿＿＿＿　　　性　　別：□男 □女
E-mail：＿＿＿＿＿＿＿＿＿＿＿＿＿＿＿＿＿＿＿＿＿＿＿＿＿
聯絡電話：（日）＿＿＿＿＿＿＿　（夜）＿＿＿＿＿＿＿
　　　　　（手機）＿＿＿＿＿＿＿
聯絡地址：（郵遞區號）＿＿＿＿＿＿＿＿＿＿＿＿＿＿＿＿
年　　齡：□未滿 18 歲□ 18~25 歲□ 26~35 歲□ 36~50 歲□ 51 歲以上
教育程度：□國中 (含以下)□高中 (職)□專科□大學□研究所以上
職　　業：□學生□軍公教□家管□服務業□工□商□自由業□其他

Q1 請問您從何處得知本書？
　　□書店 □雜誌廣告 □網路 □電子報 □親友介紹 □其他
Q2 請問您從何處購得本書？
　　□博客來網路書店 □誠品書店 □誠品網路書店 □金石堂實體書店
　　□金石堂網路書店 □時報悅讀網 □其他
Q3 請問您之前有買過時報的其他書籍嗎？
　　□有，書名＿＿＿＿＿＿＿□沒有，第一次購買
Q4 請問您之前有買過生活饞系列的其他書籍嗎？
　　□有，書名＿＿＿＿＿＿＿□沒有，第一次購買
Q5 請問您購買本書的原因為？
　　□主題符合需求 □封面吸引 □內容豐富 □喜歡書中作品 □喜愛作者
　　□價格合理 □其他＿＿＿＿＿＿＿＿＿＿＿＿＿＿＿
Q6 您還想看到時報出版哪方面的書籍？
＿＿＿＿＿＿＿＿＿＿＿＿＿＿＿＿＿＿＿＿＿＿＿＿＿＿
Q7 您對本書有什麼建議呢？
＿＿＿＿＿＿＿＿＿＿＿＿＿＿＿＿＿＿＿＿＿＿＿＿＿＿

Q8 請問您是否願意收到我們的電子報等相關活動資訊？
　　□願意 □不願意